CONNAISSANCES

DU GÉODÉSISTE (*)

OU

TRAITÉ SPÉCIAL

DE LA DIVISION DES PROPRIÉTÉS RURALES.

(*) Celui qui s'occupe de la division des propriétés.

CONNAISSANCES
DU GÉODÉSISTE

OU

TRAITÉ SPÉCIAL

DE LA DIVISION DES PROPRIÉTÉS RURALES,

SUIVI D'UN ARTICLE

SUR LEUR ABORNEMENT ET LEURS CLOTURES.

PAR

A. LEFÈVRE,

Vérificateur spécial du cadastre, auteur de plusieurs ouvrages
d'application.

Aux piéges dangereux que vous tend l'artifice,
Opposez ces deux mots, précision, justice.

PARIS,

IMPRIMERIE ET LIBRAIRIE NORMALE

DE PAUL DUPONT ET COMPAGNIE,

RUE DE GRENELLE-SAINT HONORÉ, N° 55.

1837.

EXPLICATION DES SIGNES.

Pour désigner une addition on met $+$, et l'on prononce *plus*.

Pour la soustraction on met $-$, et l'on prononce *moins*.

La multiplication s'indique par $\times$, ou $.$, qu'on prononce *multiplié par* ;

Ainsi $\left.\begin{array}{c}3 \times 4 \\ \text{ou} \\ 3 \cdot 4\end{array}\right\}$ indique qu'il faut multiplier 3 par 4.

De même $\left.\begin{array}{c}(3+4)\times(2+6) \\ \text{ou} \\ (3+4)\cdot(2+6)\end{array}\right\}$ signifie qu'on doit multiplier 7 par 8.

L'expression $\frac{3}{4}$ indiquera que 3 doit être divisé par 4. Pour les lettres c'est la même chose ; $\frac{a}{b}$ signifie que le nombre représenté par a doit être divisé par celui représenté par b.

Dans la proportion par quotient la marque $:$ se prononce *est à*, et celle $::$ se prononce *comme*.

Sin. ou s, *cos.*, *tang.* ou t, et *cot*, se mettent pour *sinus*, *cosinus*, *tangente*, et *cotangente*.

Log. ou l, signifie *logarithme*.

Comp. log. ou *c. l.* est mis pour complément *arithmétique* du *logarithme*.

On dira aussi *un droit* pour un *angle droit*, et une *droite* pour une *ligne droite*.

Les chiffres qui sont entre deux parenthèses indiquent les numéros qu'il faut consulter.

La marque a', qui signifie minute dans la division du cercle (24) prend le nom de *prime* quand elle se rapporte à une figure, ou à une lettre; ainsi a' se prononce *à prime*, et a'' *a seconde*.

Enfin, au lieu de désigner un polygone pour toutes ses lettres, on l'indiquera quelquefois par deux lettres placées à des angles opposés. On pourra dire, par exemple, le trapèze et le quadrilatère AC, ou BD, fig. 15 et 19, pour ABCD.

INTRODUCTION.

Dès que les hommes ont été régis par des lois, il a été indispensable d'avoir des règles certaines pour diviser les héritages et pour leur donner des limites. Ces règles ne sont, à peu d'exceptions près, que des applications d'un petit nombre de vérités de la géométrie élémentaire ; mais, comme avant de diviser un terrain, il faut généralement en faire l'arpentage, pour connaître la contenance au moment où l'on opère, celui qui s'occupe de partage doit aussi être *bon arpenteur*, c'est-à-dire, qu'il doit être familiarisé avec toutes les ressources théoriques et pratiques de cette science, pour ne rien laisser au hasard. Toutefois, les principes généraux ont souvent besoin d'être combinés pour satisfaire aux différens cas qui se présentent dans l'exécution, et ce sont ces circonstances qui rendent, par leurs développemens, tous les ouvrages d'application *volumineux*.

Nous avons quelques traités sur les partages, et ceux qui ont écrit sur l'arpentage en ont parlé ; moi-même j'ai donné un article assez étendu sur cet objet. Cependant il m'a paru que cette partie laissait encore à désirer, et c'est pour remplir le vide que j'y ai remarqué que je me suis déterminé à publier ce nouveau Traité, dans lequel j'ai tâché de rendre les solutions aussi simples qu'il m'a été possible, en évitant les expressions algébriques ; et, pour satisfaire ceux qui ne sont point étrangers à ces connaissances, j'ai mis à la fin la démonstration de plusieurs applications dont on n'aperçoit pas directement le principe.

Du reste, comme je l'ai dit ci-dessus, je suppose que mon lecteur possède toutes les ressources qu'offre la géométrie à l'arpentage ; et dès lors j'ai pensé qu'il suffisait de rappeler les règles d'après lesquelles la pratique de la division des champs est fondée. Mais, indépendamment de ces connaissances d'art, le *géodégiste* qui veut se distinguer dans son état ne doit pas non plus être étranger à l'évaluation des biens champêtres, afin de pouvoir donner au besoin une contenance en rapport avec les différentes nuances de fertilité. D'ailleurs, il arrive souvent que des pièces d'héritages entrent dans la composition des lots d'après leur valeur vénale. On voit combien ces opérations sont délicates, et celui qui en est chargé ne doit jamais oublier que la première condition de sa profession est d'être *juste*, *probe* et *intègre*.

La plupart des questions traitées dans ce livre ne présenteront point de difficultés à celui qui a quelque pratique de ces opérations; néanmoins on fera bien de les étudier toutes avec soin, et de ne pas passer légèrement sur la marche indiquée du calcul, surtout les analogies pour lesquelles j'ai renvoyé à la démonstration, telles que celles des nos 61, 62 et 63. Toutes les règles doivent être bien comprises, pour n'être pas obligé d'avoir recours à l'ou-

vrage chaque fois qu'une question semblable se présente. Il sera même nécessaire
qu'on suive tous les calculs, en faisant varier les données de la question.

Enfin, on trouvera dans ce volume les
articles réglementaires que doit connaître
le géodésiste concernant les partages, les
bornages et les clôtures des propriétés.
Les abornemens y sont aussi traités, et j'ai
donné *l'esprit* d'un rapport d'expertise,
avec les détails dans lesquels il faut entrer
pour qu'il n'y ait point de nullités.

NOUVEAU TRAITÉ

DE

GÉODÉSIE PRATIQUE.

ARITHMÉTIQUE.

1. — On suppose que celui qui lira cet ouvrage sait faire les premières règles du calcul d'après le système décimal ; ainsi je ne m'occuperai point du détail de l'exposé de ces règles, et je me bornerai aux remarques suivantes :

1° On multiplie un nombre par 10 ou par 100, en mettant un ou deux zéros à sa droite, et on le divise par ces mêmes nombres en séparant par une virgule le dernier ou les deux derniers chiffres ; pour diviser 543 par 10, on posera donc 54,3 et 5,43 pour la division par 100. Les chiffres 3 ou 43 sont, comme on le sait, les parties décimales de l'unité principale, et cette unité peut être des *mètres*, des *ares* ou des *francs*, etc.

Si le nombre est 543 mètres, en divisant par 10 on a 54 mètres 3 dixièmes de mètre ou 3 décimètres ; si ce sont des ares, ce sera 54 ares 3 déciares ou 30 centiares (le déciare n'est pas usité) ; enfin en divisant par 100 le résultat est 5 ares 43 centiares.

2° Dans la multiplication on appelle *facteurs* les nombres qu'on multiplie l'un par l'autre , et le résultat de l'opération se nomme *produit*. L'un des facteurs prend aussi le nom de *multiplicande* et l'autre celui de *multiplicateur;* ainsi, dans l'expression $3 \times 4 = 12$, 12 est le produit, 3 et 4 en sont les facteurs, et si 3 est pris pour multiplicande , 4 sera le multiplicateur ; toutefois le multiplicande est le nombre qui désigne l'espèce des unités, et le multiplicateur est un nombre *abstrait* par lequel on multiplie le multiplicande ; d'où il suit que les unités du produit sont de même espèce que celles du multiplicande ; il est d'ailleurs bien évident qu'il est indifférent de multiplier 3 par 4, ou 4 par 3.

3° Pour la division , on appelle *dividende* le nombre à diviser, *diviseur* celui par lequel on divise , et *quotient* le résultat de cette opération. Dans la division $\frac{12}{4} = 3$, 12 est le dividende , 4 le diviseur, et 3 le quotient; celui-ci, multiplié par le diviseur, doit reproduire exactement le dividende si la division s'est faite sans reste ; le diviseur et le quotient sont donc aussi les facteurs du dividende.

4° Si l'on avait à multiplier 400 par 500, on ferait la multiplication de 4 par 5 , et l'on ajouterait quatre zéros au produit 20, parce qu'il y en a quatre aux deux facteurs , et l'on aurait tout de suite 200000.

Pour diviser 400 par 50, on pose $\frac{40}{5} = 8$, parce qu'en supprimant un zéro de part et d'autre on n'altère pas le quotient.

5° Le produit d'un nombre par un autre nombre peut s'obtenir en multipliant l'un de ces nombres par les facteurs de l'autre; ainsi, pour faire la multiplication par 56, on peut multiplier d'abord par 7, puis le produit par 8.

Il en est de même pour la division par 56 : on prend le 8e du dividende et le septième de ce huitième. Ces décompositions abrégent quelquefois les opérations.

6° On abrége encore dans d'autres cas particuliers : par exemple, pour multiplier par 25 ou par 125, on ajoute deux ou trois zéros au multiplicande, et l'on en prend le quart ou le huitième, selon que le multiplicateur est 25 ou 125.

Pour multiplier de cette manière 233 par 25, on prend le quart de $23300 = 5825$; si le nombre était 233,45, on ferait abstraction de la virgule, et en prenant le quart on aurait 5836,25. Tout cela est évident, car, en ajoutant deux zéros ou en supprimant la virgule, on a rendu le multiplicande 100 fois plus grand qu'il n'était, et comme on ne devait diviser que par 25 (le $\frac{1}{4}$ de 100), ce multiplicande préparé, se trouvant alors quatre fois trop grand, donne un produit quadruple, qu'on ramène à son chiffre en en prenant le quart.

Pour diviser par ces mêmes nombres, c'est le contraire, c'est-à-dire qu'on retranche deux chiffres pour la division par 25, et trois chiffres pour celle par 125, et qu'on multiplie par 4 ou par 8; ainsi, pour diviser 5836,25 par 25, on pose $58,3625 \times 4 = 233,45$.

7° Enfin diviser un nombre par 2, par 3, par 4, etc., c'est la même chose que de prendre la moitié, le tiers ou le quart de ce nombre, et c'est ordinairement ainsi qu'on opère quand la division peut se faire sans fatiguer la mémoire.

Ayant donc 98735 à diviser par 7, on en prend la septième partie, et l'on a le quotient plus simplement qu'en le cherchant par la règle ordinaire de la division. Pour faire ce calcul, on commence par le dernier chiffre à gauche, en reportant successivement le reste sur les chiffres suivans : en effectuant on trouve 14105. Pour la division par 5, on pourrait poser $9873,5 \times 2 = 19747$; c'est le même principe de la remarque précédente.

2. — *Fractions*. Depuis l'établissement de notre système métrique, il n'y a plus de fraction proprement dite ; cependant il est des cas où le calcul se simplifie en conservant la forme des fractions ordinaires ; mais ces fractions exigent la connaissance de quelques règles pour pouvoir en faire usage. D'abord on sait qu'une fraction est moindre que l'unité : $\frac{3}{4}$, par exemple, signifie que 3 unités doivent être partagées ou divisées en 4 parties égales. Le nombre 3 s'appelle *numérateur*, et le chiffre 4 *dénominateur*; on les appelle aussi les *termes* de la fraction, et cette fraction elle-même prend le nom de *quotient*. La fraction $\frac{3}{4}$, ou toute autre de même forme, n'est donc autre chose qu'une division indiquée (3e remarque du numéro précédent).

Pour ajouter $\frac{3}{4}$ avec $\frac{5}{6}$, on multiplie le numérateur 3 par le dénominateur 6, et le numérateur 5 par le dénominateur 4 ; on ajoute ces deux produits, et l'on a 38 pour numérateur d'une nouvelle fraction, à laquelle on donne pour dénominateur le produit 24 des deux dénominateurs. Ainsi $\frac{3}{4} + \frac{5}{6} = \frac{38}{24}$ ou $1\,\frac{14}{24}$, qu'on réduit à $1, \frac{7}{12}$ en prenant la moitié de chacun des termes de la fraction $\frac{14}{24}$. S'il y avait un plus grand nombre de fractions, on multiplierait le numérateur de chacune par le produit des dénominateurs de toutes les autres ; le résultat serait le numérateur d'une fraction à laquelle on donnerait pour dénominateur le produit fait de tous les dénominateurs ; c'est ainsi qu'on a $\frac{1}{3} + \frac{3}{4} + \frac{5}{6} = 24 + 54 + 60$ ou $\frac{138}{72} = 1, \frac{66}{72}$ ou $1, \frac{11}{12}$ en prenant le 6e de 66 et de 72 (*).

La soustraction se fait d'une manière analogue ; on met les fractions au même dénominateur, et l'on soustrait la plus petite de la plus grande. Ainsi, pour soustraire $\frac{2}{3}$ de $\frac{3}{4}$, on pose $\frac{9}{12} - \frac{8}{12} = \frac{1}{12}$.

La multiplication d'une fraction par une autre fraction se fait en formant le produit des numérateurs et des dénominateurs ; $\frac{3}{4} \times \frac{2}{3} = \frac{6}{12}$ ou $\frac{1}{2}$.

Enfin, pour faire la division d'une fraction par une autre, on multiplie la fraction à diviser par l'autre fraction renversée. Diviser $\frac{3}{4}$ par $\frac{2}{3}$ est donc la même chose que multiplier $\frac{3}{4}$ par $\frac{3}{2}$; le quotient est $\frac{9}{8}$ ou $1, \frac{1}{8}$.

En employant les décimales, on aurait eu à multiplier ou à diviser 0,75 par 0,67, et le calcul eût évidemment été plus long et même moins exact ; mais la différence serait insensible dans

---

(*) Cette opération est ce qu'on appelle mettre les fractions au même dénominateur, car chacun des nombres 24, 54 et 60 est censé avoir 72 pour dénominateur.

presque tous les cas usuels. Au surplus, je ne fais ces observations que pour justifier ce que j'ai dit ci-dessus, que les fractions ordinaires pourraient quelquefois être introduites dans le calcul avec avantage.

3. — *Conversion d'une fraction ordinaire en décimales.* Cette opération consiste à diviser le numérateur par le dénominateur. Ainsi $\frac{5}{4}$ est représenté par 0,75, et 2/3 par 0,667 en se bornant à trois décimales.

Si l'on voulait convertir 3 pouces 6 lignes en décimales du pied, on diviserait 42 lignes par 144, nombre de lignes que contient un pied, et l'on aurait $\frac{42}{144}$ ou $\frac{7}{24} = 0,292$.

De même, si l'on avait 11 lignes 3 dixièmes de ligne à convertir en fraction décimale du pied, on diviserait 113 dixièmes de ligne par le nombre de dixièmes de ligne que contient un pied, c'est-à-dire par 1440; on aurait donc $\frac{113}{1440} = 0,07847$.

Remarque. Avec les règles qu'on a vues jusqu'ici on peut presque toujours faire tous les calculs dont on a communément besoin dans les relations sociales. S'il s'agit d'un prêt d'argent à *tant* p. $^o/_o$ par an (*), il est évident qu'on connaîtra la somme que doit produire cet intérêt, en retranchant deux chiffres du produit de la multiplication de la

---

(*) La marque p. $^o/_o$ signifie *pour cent*; ainsi l'expression 5 p. $^o/_o$ indique 5 divisé par 100 ou $\frac{1}{20}$, c'est le denier 20; c'est-à-dire que, placer ses fonds au denier 20, c'est retirer par an le vingtième de son capital; et, si c'est au denier 40, le placement ne sera que de $2\frac{1}{2}$ p. $^o/_o$ par an.

somme prêtée par le taux de l'intérêt. Si cette somme est de 1255 fr. et l'intérêt 4 p. °/₀, on multipliera 1255 par 4, et l'on aura 50 fr. 20 c. pour l'intérêt que ce capital doit rapporter chaque année.

Si le prêt était à 4 1|2 p. °/₀, on multiplierait par 45, et l'on retrancherait trois chiffres; dans ce cas le produit de l'intérêt serait 56 fr. 47 cent.

Quand on prête pour un, deux ou trois mois, sur le pied d'un intérêt déterminé par an, après avoir fait le produit de l'intérêt pour un an, on en prend le douzième si c'est pour un mois, le sixième pour deux mois, ou le quart si l'on a prêté pour trois mois, etc.; ou bien on multiplie la somme prêtée par l'intérêt relatif au temps, lorsque cet intérêt ne présente pas une fraction de nature à allonger le calcul.

Le prêt étant pour un nombre de jours donné, après avoir calculé le produit de l'intérêt pour un an, on multiplie le taux du prêt par le nombre de jours, et le produit divisé par 360 (*) donne l'intérêt. Ainsi, après avoir connu que le produit de l'intérêt d'un an est de 56 fr. 47 c., si le prêt est pour 175 jours, on fait la multiplication de ces deux nombres, et en divisant le produit 9882,25 par 360 on a 27 fr. 45 c. pour l'intérêt de 175 jours du prêt de 1255 fr. à raison de 4 $\frac{1}{2}$ p. °/₀ par an. Toutefois le calcul se simplifie beaucoup quand l'intérêt est à 6 p. °/₀; car, dans ce cas, après avoir

____

(*) C'est le nombre de jours qu'on suppose à l'année dans le commerce.

multiplié le capital par le nombre de jours, il suffit d'en prendre le sixième et de séparer les trois derniers chiffres de la droite.

Soit la même somme 1255 fr. prêtée à 6 p. °/₀ pour 175 jours, on multipliera 1255 par 175, et l'on prendra le sixième du produit; puis, séparant les trois derniers chiffres, on a 36 fr. 60 c. L'intérêt étant à 5 p. °/₀, on multiplie également le capital par le nombre de jours, et l'on divise le produit par 72, ou, ce qui revient au même, on prend d'abord le neuvième et ensuite le huitième de ce neuvième (5° remarque du n° 1ᵉʳ) (*).

Enfin la marche de ces opérations n'est pas particulière à l'intérêt de l'argent, elle s'applique à tous les calculs d'une nature analogue. Si l'on voulait répartir une somme entre plusieurs associés en raison des fonds que chacun a mis dans la société, on multiplierait la somme des mises par chaque mise particulière, et l'on diviserait le produit par la somme à répartir; ou bien on divise la somme des mises par celle à distribuer, pour

---

(*) Au lieu de diviser par 72 on peut d'abord prendre l'intérêt à 6 et en ôter le sixième ; et pour l'intérêt à 7 on ajouterait au lieu de soustraire.

L'intérêt à 6 p. °/₀, pour un nombre de mois, se trouve encore plus simplement en prenant la moitié du produit de la somme par le nombre de mois, et séparant deux chiffres; pour un jour, on séparerait trois chiffres et l'on prendrait le sixième : par conséquent, pour six jours, on retranche trois chiffres. On a donc le moyen de prendre d'un seul coup pour le nombre de jours, 6, 12, 18, 24, etc. On prend aussi d'une seule fois pour 4, 5, 10, 15, 20, etc.

:onnaître le marc le franc de cette distribution, et l'on multiplie ce quotient par chaque mise particulière. C'est ainsi qu'on fait les répartitions d'impôts entre les contribuables, quand il y a augmentation ou diminution dans l'allivrement, ou lorsqu'il faut établir un nouvel impôt sur des revenus connus.

Carré d'un nombre.

4. — Comme on aura souvent besoin de faire le carré d'un nombre, je dirai que le calcul consiste à multiplier ce nombre par lui-même.

Soit le nombre 15, son carré sera 15 multiplié par 15 = 225. Le nombre 15 est la *racine* de 225, et l'on verra au n° 114 comment on obtient cette racine, quel que soit le nombre de chiffres du carré (voir aussi le n° 27).

5. *Proportions.* — Une proportion par quotient, la seule dont nous parlerons, est l'assemblage de deux fractions égales; ainsi les quatre nombres qui composent les fractions égales $\frac{3}{8}$ et $\frac{9}{24}$, forment une proportion par quotient qu'on écrit en cette manière :

$$3 : 8 :: 9 : 24.$$

Les nombres 3 et 24 sont les extrêmes de la proportion, 8 et 9 en sont les moyens, et chacun de ces nombres prend aussi le nom de *terme*; enfin on appelle *rapport* d'une proportion la fraction $\frac{3}{8}$ ou $\frac{9}{24}$, c'est-à-dire le premier terme divisé par le second, ou le troisième par le quatrième, ou réciproquement.

Dans toute proportion, le *produit des extrêmes est égal à celui des moyens.* On a donc 3 mul-

tiplié par 24 égale 8 multiplié par 9 , et la proportion ne se détruit point par le changement
de place des termes tant que l'égalité existe entre
le produit des extrêmes et celui des moyens ; notre
proportion peut donc être changée en celle-ci :
24 : 9 :: 8 : 3, ou bien 9 : 3 : : 24 : 8, etc., car on
a également 72 pour le produit des extrêmes et
pour celui des moyens.

Lorsque le rapport de deux proportions est le
même, on en forme une troisième avec les quatre
nombres qui composent les deux premiers termes
de chacune; ainsi, ayant 3 : 4 : : 6 : 8, et 9 : 12 : :
18 : 24 , le rapport étant $\frac{3}{4}$ dans chaque proportion, on a

$$3 : 4 : : 9 : 12.$$

Quand les deux proportions ont un terme commun , on en établit aussi une avec les trois autres
termes ; c'est-à-dire qu'ayant

$$8 : 6 : : 4 : 3, \text{ et } 8 : 10 :: 12 : 15, \text{ on a}$$
$$6 \cdot 4 : 3 :: 10 \times 12 : 15$$
$$\text{ou } 3 : 15 :: 6 \times 4 : 12 \times 10.$$

Dans toute proportion on a encore :

(K)   La somme ou la différence du premier et du
troisième terme est à la somme ou à la différence du second et du quatrième terme comme
le premier est au second , ou comme le troisième
est au quatrième.

Enfin, si on multiplie l'un par l'autre les termes
correspondans de plusieurs proportions , les produits seront encore dans le même rapport ; d'où
il suit que quatre quantités (nombres ou lignes)

étant en proportions , les carrés et les cubes de ces nombres ou de ces lignes y sont aussi.

Maintenant , puisque le produit des extrêmes est égal à celui des moyens , il est évident qu'on aura un extrême en divisant le produit des moyens par l'autre extrême.

Ainsi , quand on connaît trois termes d'une proportion, on trouve donc le quatrième (qu'on a coutume de représenter par x) en divisant le produit des moyens par l'extrême connu : si x est un des extrêmes ; ou bien en divisant le produit des extrêmes par le moyen connu, si le terme qu'on veut avoir est un des moyens.

Par conséquent, dans les proportions $6 : 8 :: 9 : x$, on a $x = 8 \times 9$ divisé par $6 = 12$; et dans
$6 : 8 :: x : 12$; $x = 6 \times 12$ divisé par $8 = 9$.

Quand on verra une équation de cette forme (nombres ou lettres), on saura donc que c'est l'expression d'une proportion.

Application des proportions au calcul des intérêts.

Si on demande quel est le taux de l'intérêt de 1300 fr. qui ont rapporté 162 fr. 50 c. dans un placement de 2 ans et demi, on fera les proportions
$1300 : 100 :: 162,5 : x = 16250$ divisé par $1300 = 12,5$, et
2 ans $\frac{1}{2}$ ou $2,5 : 1 :: 12,5 :$ au taux de l'intérêt que l'on cherche ; en effectuant on trouve $\frac{12,5}{2,5} = 5$.

Dans le commerce on *escompte* à *tant* par an ou par mois. Pour escompter un billet de 4800 fr. payable dans 13 mois 1/2, à raison de 3/4 p. % par mois , on peut d'abord prendre l'intérêt pour tout le temps, ici 13,5 multiplié par 0,75 = 10,125, et faire la proportion 100 : 10,125 : : 4850 : l'escompte qu'on veut avoir; c'est-à-dire que cet escompte est de 491 fr. 6 c. : telle est la méthode usitée, et l'on peut remarquer qu'elle est toute au profit du banquier, parce qu'elle comprend l'intérêt de l'intérêt.

Voici encore des opérations que l'on fait tous les jours.

On achète pour 3859 fr. 25 c. de marchandises, et l'on fait un billet payable dans 18 mois : quelle est la somme à porter au billet, le taux de l'intérêt étant à 3/4 p. % par mois?

L'intérêt pour 18 mois sera $18 \times 3/4 = 13\ 1/2$, et l'on posera

100 : 13,5 : : 3859,25 : la somme qu'il faut ajouter au capital; cette somme étant $3859,25 \times \frac{13,5}{101,5} = 521$, le billet devra être de 4380 fr. 25 c.

Autre exemple. — On devait 2,400 fr. dans un an ; le créancier offre d'escompter le billet à 6 p. % si l'on paie au bout de 4 mois. Si l'offre est acceptée, combien devra-t-on donner pour acquitter ce billet? Le paiement anticipé étant des 2/3 de l'année, l'intérêt doit diminuer dans le même rapport, c'est-à-dire que dans cet exemple cet intérêt est de 4 ; ainsi on fera

104 : 100 : : 2400 : la somme que l'on cherche ; cette somme est ici de 2,307 fr. 67 c.

On voit, en définitive, qu'il ne s'agit que de multiplier la somme du billet par 100 et de diviser le produit par 100 augmenté du taux de l'intérêt calculé à raison du temps anticipé. Toutefois cet intérêt ne se détermine pas toujours aussi facilement que dans cet exemple ; mais on le trouvera par la proportion

360 : au nombre des jours anticipés :: le taux de l'intérêt d'un an : celui qu'on veut avoir.

Je ne parlerai point du calcul des *intérêts composés*, ni de celui des *annuités* ; c'est dans les ouvrages qui traitent spécialement de ces opérations qu'il faut étudier et apprendre à résoudre les différentes combinaisons qu'on peut introduire dans le problème général.

GÉOMÉTRIE
RELATIVE AUX BESOINS DE CE TRAITÉ.

6. — Si d'un point D pris sur une droite AB, on mène une ligne CD qui ne penche pas plus vers A que vers B, cette ligne CD sera ce qu'on appelle une perpendiculaire à la ligne AB, et si l'on fait AD = BD, les obliques AC, BC seront égales, ainsi que toutes celles AE, BE, partant d'un point quelconque F de la perpendiculaire.

Fig. 1.

7. — L'ouverture formée par deux lignes droites perpendiculaires l'une à l'autre s'appelle *angle droit*. L'espace moindre qu'un angle droit est un angle *aigu*, et celui qui est plus grand est un angle *obtus* (*). On peut donc dire qu'une droite qui tombe sur une autre droite forme avec celle-ci deux angles dont la somme est égale à deux angles

---

(*) On appelle aussi complément d'un angle ce qui manque à cet angle pour faire un droit.

droits. Le point de rencontre de ces lignes se nomme *sommet* de l'angle, et s'il n'y a qu'un angle, on le désigne par une lettre placée au sommet; ainsi, pour indiquer l'ouverture comprise entre les lignes AB, AC, on dira l'angle A; mais s'il y a plusieurs angles, on les indique par trois lettres, en plaçant celle du sommet au milieu; on dira donc l'angle CAD ou BAC, en prononçant toutes les lettres.

8.—Lorsque deux droites conservent toujours la même distance entre elles, on dit qu'elles sont *parallèles*, et deux lignes parallèles étant coupées par une droite forment avec celle-ci des angles qui prennent différens noms. Je ne parlerai que des angles *correspondans* et *alternes internes*. Les premiers sont situés d'un même côté de la droite qui coupe les parallèles, et dont l'ouverture est tournée dans le même sens. Les seconds ont une situation opposée tant par rapport aux parallèles que par rapport à la *transversale* EF qui les coupe. Les angles EnB, Dmn sont des angles correspondans; AnF, EmD sont alternes internes.

Enfin il résulte de la situation de ces lignes que les angles correspondans sont égaux, ainsi que ceux alternes internes, et que deux droites AB, CD, perpendiculaires à une troisième ligne EF, sont aussi parallèles.

Ces lignes sont d'un très grand usage en géométris soit spéculative soit pratique.

9. *Triangles.* — Les triangles prennent différens noms. On nomme *triangle rectangle* celui qui a un angle droit; le plus grand côté de ce

triangle est toujours opposé à cet angle, et s'appelle *hypoténuse*. On appelle triangle *isocèle* celui qui a deux côtés égaux, et quand les trois côtés ont la même longueur, le triangle est dit *équilatéral*.

Enfin, on nomme en général triangle obliquangle celui qui n'a pas d'angle droit.

Du reste il est facile de voir *a priori* que les angles égaux sont opposés à des côtés égaux, que le plus petit côté est opposé au plus petit angle, le plus grand côté au plus grand angle, et réciproquement.

10.—« La somme des trois angles d'un triangle rectiligne quelconque est toujours égale à deux angles droits ; » ainsi, lorsqu'on connaît la somme de deux angles d'un triangle rectiligne, on obtient le troisième angle de ce triangle en retranchant cette somme de deux angles droits.

11. *Triangles semblables.* — En menant des parallèles à des lignes données, on forme des triangles semblables au moyen desquels on résout les problèmes de géométrie avec la plus grande facilité, et l'on connaît ainsi que deux triangles sont semblables lorsqu'ils ont leurs côtés proportionnels chacun à chacun, ou qu'ils ont un angle égal compris entre côtés proportionnels, ou bien quand ils ont un côté proportionnel adjacent à deux angles égaux aussi chacun à chacun.

Il y a encore d'autres cas de similitude, mais ils sont inutiles pour l'objet que nous traitons.

12.—Au moyen des figures semblables, on démontre que si l'on divise un côté quelconque AB d'un triangle en parties égales, et que, par les points de division, on imagine les parallèles *ab*, *cd*, au côté BC, les parties A*b*, *bd*, C*d* seront aussi égales, ou en d'autres termes, les lignes AB, AC seront divisées proportionnellement ; on aura donc la proportion

A*a* : *ab* :: A*c* : *cd* ; on a de même

A*a* : *ab* :: AB : BC, d'où (n° 5)

A*c* : *cd* :: AB : BC, et si BC est divisé au point *e*, par exemple en deux parties égales, la droite A*e* partagera aussi les parallèles *ab*, *cd* en deux également.

13. *Angles intérieurs d'un polygone* (*).
« La somme de tous les angles intérieurs d'un po-
« lygone rectiligne quelconque vaut autant de
« fois deux angles droits que ce polygone a de cô-
« tés moins deux (**). »

On déduit de ce principe que la somme de tous les angles *extérieurs* d'un polygone vaut quatre angles droits. S'il y a des angles rentrans, c'est-à-dire des angles dont le sommet est tourné vers l'intérieur de la figure, on ajoutera autant de fois deux droits qu'il y a d'angles de cette espèce.

Ces règles trouvent leur application dans l'arpentage quand on veut s'assurer que l'on ne s'est point trompé en mesurant les angles d'un polygone.

14. *Du cercle.*—Tout le monde connaît un cer-

(*) On nomme polygone une surface plane renfermée par un nombre quelconque de lignes droites ou sinueuses.

(**) Cela revient à cette règle très simple : ôtez 4 du double des côtés, le reste sera autant d'angles droits pour les angles intérieurs.

Fig. 7.

cle, et l'on sait que toute ligne droite *ab* qui passe par le *centre c* se nomme *diamètre*, et partage le cercle en deux parties égales. La moitié du diamètre s'appelle *rayon*, et la ligne circulaire qui limite le cercle prend le nom de *circonférence*.

Une droite *ed* qui ne touche le cercle qu'en un seul point, comme *a*, est une *tangente* à la circonférence, et cette tangente est toujours perpendiculaire au diamètre. Si l'on mène la ligne *cd*, ce sera la *sécante* de l'arc *af* ou de l'angle *acd*.

La perpendiculaire *fg* abaissée du point *f* sur le rayon *ac* se nomme *sinus* du même angle *acd*; *cg* en est le *cosinus*, et *ad* la *tangente trigonométrique*.

Enfin on appelle *corde* d'un arc une droite menée de l'extrémité de cet arc à l'autre extrémité, et la perpendiculaire élevée sur le milieu d'une corde passe par le centre du cercle; ce qui donne évidemment le moyen de trouver ce centre quand on connaît trois points de la circonférence.

15. L'angle qui a son sommet au centre du cercle est mesuré par l'arc compris entre ses côtés, et celui qui a son sommet sur la circonférence a pour mesure la moitié de l'arc limité par les côtés de cet angle; par conséquent l'angle au centre est double de celui fait à la circonférence sur le même arc, et cet angle à la circonférence est droit quand ses côtés sont appuyés sur les extrémités du diamètre, ou qu'il passe par ces extrémités.

Remarque.—Pour faire des applications à la mesure des distances, on a divisé la circonférence du cercle en parties égales. On a d'abord fait la division en 360, et l'on a donné le nom de *degré* à chaque partie. On a ensuite supposé le degré partagé en 60 parties aussi égales qu'on appelle *minutes*, et celles-ci en 60 parties de même grandeur qui prennent le nom de *secondes* (*). On a adopté la division de 360 à cause du grand nombre de diviseurs dont ce chiffre est susceptible.

Fig. 8.

16. *Carré de l'hypoténuse.*—La géométrie nous apprend que dans un triangle rectangle « le carré « de l'hypoténuse est égal à la somme des carrés « des deux autres côtés. »

L'angle b étant droit, on a donc le carré de ab, plus celui de bc égal au carré de l'hypoténuse ac, et l'on aura cette hypoténuse en extrayant la racine de ce carré (27 et 114).

Cette proposition est une des plus importantes de la géométrie, à cause des résultats féconds qu'elle offre à la pratique.

17. *Définition* des différentes figures dans lesquelles on décompose ordinairement le terrain pour en faire l'arpentage.

On a déjà vu la définition du polygone (note du

(*) Ces divisions s'obtiennent avec une précision remarquable au moyen d'une invention connue sous le nom de *nonius* ou *vernier*; on est incertain sur le nom de l'inventeur.

Nota. A la réforme de nos anciennes mesures on a divisé le cercle en 400 degrés ou *grades*; ceux-ci en 100 minutes, et la minute en 100 secondes. Cette graduation doit avoir de l'avantage sur la première; cependant il n'y a guère que les ingénieurs du dépôt de la guerre qui s'en servent.

n° 13), et l'on sait que celui qui est composé de trois lignes droites se nomme *triangle*.

Un polygone formé par quatre lignes droites prend le nom de *quadrilatère*, et on l'appelle *trapèze* quand il a deux côtés opposés parallèles, et ces côtés parallèles se nomment bases du trapèze (*).

Quand les côtés opposés sont parallèles et égaux, le quadrilatère est un *parallélogramme*, et si, de plus, chaque angle est droit, la figure est un *rectangle*.

Fig. 10.

Fig. 11.

Enfin, les angles restant les mêmes, si les quatre côtés sont égaux, le quadrilatère sera un carré.

18. *Surfaces.* — « La surface (**) d'un trian-« gle est égale au produit de sa base par la moitié « de sa hauteur, ou réciproquement (***). »

Cette surface est encore égale au produit de la somme des deux côtés multiplié par la moitié du sinus de l'angle compris entre ces côtés, et l'on déduit de ce dernier principe que les surfaces de deux triangles qui ont un angle égal sont entre

---

Fig. 9.

(*) Dans la pratique de l'arpentage les côtés parallèles AD, BC sont perpendiculaires sur AB, c'est-à-dire que les angles en A et en B sont faits *droit* avec l'équerre ou le graphomètre

(**) On dit aussi la *superficie* ou l'*aire* d'un polygone.

(***) La *hauteur* d'un triangle est la perpendiculaire abaissée de l'un des angles sur le côté opposé, qui est la *base*, et il suit de la règle de ce numéro que si l'on divise le double de la surface d'un triangle par la hauteur, le quotient sera la base, et qu'en divisant par la base on aura la hauteur.

elles comme les produits des côtés qui comprennent cet angle égal.

On aura donc

Fig. 12. Surface A B C : surface C D E :: A C × B C : C D × C E.

(Voir la démonstration au n° 115.)

Remarque. — Si l'on ne connaissait que les trois côtés du triangle, la règle la plus simple pour en avoir la surface est celle-ci :

On prend la moitié de la somme des trois côtés, et de cette demi-somme on retranche chaque côté du triangle; ce qui donne trois différences que l'on multiplie l'une par l'autre, c'est-à-dire la première par la seconde et le produit par la troisième. On multiplie encore ce dernier produit par la demi-somme des côtés, et la racine du résultat (114) est la surface du triangle. Cette opération se fait promptement avec les logarithmes (27). Voy. la démonstration au même n° 115.

19. « Les surfaces des triangles qui ont même « hauteur sont entre elles comme leurs bases, »
Fig. 13. c'est à-dire que si C p est perpendiculaire au côté A B, prolongé s'il est nécessaire, on a

Surf. B C D : surf. A C D :: (*) B D : A D.

20. « Dans les figures semblables, les surfaces « sont entre elles comme les carrés de leurs côtés
Fig. 14. « homologues. » D E étant parallèle au côté A B,

(*) Lorsqu'il n'est pas question d'angle, B C D ou ACD exprime la surface du triangle, ainsi nous pourrons omettre le mot *surface*.

les triangles A B C, C D E, sont semblables, et l'on a

A B C : C D E :: le carré de A C : au carré de C D;

ou :: le carré de A B : au carré de E D;

ou bien encore :: le carré de B C : au carré de C E.

21. « Les surfaces des trapèzes qui ont même « hauteur sont aussi entre elles comme leurs bases « parallèles, et réciproquement (*), c'est-à-dire « que si la surface à prendre ADlm doit être le 1/3 Fig. 15. « du trapèze ABCD, Dl sera le 1/3 de CD, et Am « le 1/3 du côté A B. »

22. « La surface d'un trapèze est égale à la « somme de ses deux côtés parallèles multipliée « par la moitié de la hauteur perpendiculaire ou Fig. 16. « réciproquement; » ainsi la surface A B C D égale la somme de la mesure des côtés A B, C D, multipliée par la moitié de la perpendiculaire Ch.

23. « La surface d'un cercle est égale au produit « de la moitié de sa circonférence par son rayon, « et la circonférence s'obtient en multipliant le « diamètre par 22, en divisant le produit par 7. »

Cette règle revient encore, pour avoir la surface, à prendre la somme de la moitié et du quart du carré du diamètre, avec le septième de ce quart, car l'expression de la surface se réduit à 11 fois le carré du diamètre divisé par 14, et la somme des fractions $\frac{1}{2}$, $\frac{1}{4}$, $\frac{1}{28}$ vaut aussi $\frac{11}{14}$.

(*) La hauteur du trapèze est la perpendiculaire comprise entre les côtés parallèles, et la note du n° 18 s'applique au trapèze en mettant la somme des deux bases à la place de la hauteur.

TRIGONOMÉTRIE.

24. Il des cas où il est indispensable d'avoir recours aux instrumens qui donnent la valeur numérique des angles ; il faut alors faire des calculs, et la trigonométrie en fournit les moyens.

Nous avons déjà indiqué au n° 14 les lignes trigonométriques dont nous aurons besoin ; j'ajouterai qu'on a formé des tables de ces lignes pour un rayon égal à l'unité, et que, pour faciliter les calculs, on a construit d'autres tables représentant les logarithmes de ces nombres (27).

Dans ces tables il n'y a que l'angle aigu, parce que l'angle obtus, qui en est le supplément, a le même sinus et la même tangente.

Enfin les angles aigus d'un triangle rectangle sont dits *complémens* ou *cosinus* l'un de l'autre, et il en est de même de la tangente par rapport à la cotangente ; c'est-à-dire que le sinus ou la tangente d'un angle est la même chose que le cosinus ou la cotangente du complément de cet angle (*).

25. Voici deux propriétés dont nous ferons souvent usage ; c'est en quelque sorte toute la trigonométrie pratique.

On démontre :

1° « Que, dans un triangle quelconque, les sinus

(*) Pour indiquer les degrés, minutes et secondes dont il est question à la remarque du n° 15, on emploie les caractères °, ′, ″ ; ainsi 55° 37′ 45″ signifie 55 degrés 37 minutes 45 secondes.

« des angles sont entre eux comme les côtés oppo-
« sés à ces angles.

2° « Que la tangente d'un des angles aigus d'un
« triangle rectangle est égale au côté opposé à cet
« angle, divisé par l'autre côté de l'angle droit. »

En faisant a, b, c, les côtés opposés aux angles
A, B, C, la première règle donne, pour le triangle rectangle, à cause du rayon $= 1$,

$$(x) \begin{cases} a \text{ égale } b \text{ multiplié par sinus A, d'où} \\ \quad \text{sinus A égale } a \text{ divisé par } b. \\ \qquad \text{On a de même, à cause de C} = \text{cosi-} \\ \quad \text{nus A,} \\ b \text{ égale } c \text{ divisé par cosinus A; d'où} \\ \quad c \text{ égale } b \text{ multiplié par cosinus A.} \\ \qquad \text{Par la seconde règle on a} \\ \text{Tangente A égale } a \text{ divisé par } c \text{ (*).} \end{cases}$$

26. Pour le triangle *obliquangle*, la première
analogie donne

$$a = \begin{cases} c \times \sin A \text{ divisé par } \sin C, \\ \qquad \text{ou} \\ b \times \sin A \text{ divisé par } \sin B. \end{cases}$$

$$b = \begin{cases} c \times \sin B \text{ divisé par } \sin AC, \\ \qquad \text{ou} \\ a \times \sin B \text{ divisé par } \sin A. \end{cases}$$

(*) Je ferai remarquer que le rayon des tables dont il
est question au numéro précédent, et qu'on suppose égal à
l'unité, entre comme diviseur dans les deux premières analogies (x), et comme multiplicateur dans la dernière.

Cette observation aura son utilité dans les exemples d'application.

$$c = \begin{cases} a \times \sin C \text{ divisé par } \sin A\,, \\ \qquad\qquad \text{ou} \\ b \times \sin C \text{ divisé par } \sin B. \end{cases}$$

Avec ces équations, on tire la valeur des angles ; par exemple, la 1re et la 3e donnent

$$\text{Sin } C = c \times \begin{cases} \text{Sin A divisé par } a. \\ \text{Sin B divisé par } b. \end{cases}$$

On pourra donc calculer un triangle rectiligne, quand on connaîtra deux angles et un côté, et lorsqu'on aura un angle et deux côtés dont l'un sera opposé à l'angle connu ; mais, dans ce dernier cas, il faut savoir si l'angle que l'on cherch est aigu ou obtus (24).

Remarque. — Il y a aussi des règles pour résoudre un triangle quand on connaît deux côtés et l'angle compris, et encore lorsqu'on ne connaît que les trois côtés du triangle.

Quoique l'on fasse rarement usage de ces deux derniers cas pour le partage des propriétés, je donnerai néanmoins le libellé de ces règles au n° 32.

Enfin, avant de faire des applications au calcul des triangles, je vais dire quelques mots sur l'usage des logarithmes, dont il a été question au n° 24.

27. *Logarithmes.* — L'emploi des logarithmes est indispensable dans le calcul des triangles, et en général ces nombres simplifient beaucoup les opérations dans un grand nombre de cas, parce que la multiplication se réduit à une addition, la division à une soustraction, et l'extraction des racines se fait par la division *.

(*) Toutefois la racine carrée s'obtient encore très promp-

Pour extraire la racine carrée d'un nombre il suffit de prendre la moitié de son logarithme, et le chercher dans la table à quel nombre il répond.

Il est donc nécessaire que celui qui opère soit aussi muni d'une table des logarithmes, tant pour les nombres que pour les sinus et tangentes (*).

La plus commode est sans contredit celle de *Callet*; mais, dans les opérations du genre de celles qui nous occupent, on peut se servir d'une table à cinq décimales; on y trouvera la manière de s'en servir, et il me semble dès lors inutile d'entrer dans des détails à cet égard. Je dirai néanmoins que quand il faut prendre la racine carrée d'un nombre fractionnaire, comme cela a toujours lieu dans les calculs qui donnent la valeur d'un angle, il faut, avant de prendre la moitié de son logarithme, augmenter d'une dixaine le chiffre à gauche séparé par un point ; par exemple, pour avoir la racine carrée de 0,395, dont le loga-

---

ment au moyen d'une table des carrés. Il en existe plusieurs plus ou moins étendues; M. Séguin en a publié une qui donne directement le carré d'un nombre au dessous de cinq chiffres, et par conséquent la racine carrée de tout nombre qui n'excède pas huit chiffres : ainsi on fera bien de se procurer cette table; elle se vend, je crois, chez Bachelier, libraire à Paris.

(*) Il est quelquefois utile d'avoir les sinus et tangentes naturels; ces nombres se trouvent dans les anciennes tables de logarithmes, telles que celles d'*Ozanam*, *Ulac* et autres. Cette table n'est pas indispensable, parce que l'on peut trouver le sinus d'un angle sans y avoir recours; mais on n'y arrive que par des multiplications et une division presque toujours fort longues à faire.

rithme est 9.59660 (*) , on supposera 19 au lieu de 9, et la moitié du logarithme sera 9,79830.

Le chiffre 9 de la gauche se nomme *caractéristique.*

Application des principes indiqués au n° 25.

28. *Triangle rectangle.* — Connaissant un côté et un angle aigu , calculer les deux autres côtés. Fig. 17. Soit le triangle A B C dans lequel on connaît l'hypoténuse b de 65^m,4, et l'angle A de 26° 41′.

Les équations (x), du n° 25 donnent

$a = 65$,4 multiplié par sin. 26° 41′

$c = 65$,4 multiplié par sin. 63° 19′ (**).

Voici l'opération, qu'on peut poser de cette manière :

On trouve dans la table que

log. 65,4 = 1. 81558 . . . . 1. 81558

l. s. 26° 41′ = 9. 65230   l. s. 63° 19′ 9. 95110 (***)

log. a = 1. 46788   log. c = 1. 76668 (****)

(*) Pour avoir ce logarithme on prend celui de 395 et on lui donne 9 pour caractéristique, parce que le premier chiffre décimal de la fraction est un nombre de dixième; si cette fraction était 0,0395, la caractéristique serait 8 , et 7 pour 0,00395, etc.

(**) 63° 19′ est le cosinus A, c'est-à-dire ce qui manque à 26° 41′ pour faire 90°.

(***) Ce logarithme se trouve dans la table à côté du sinus A, ici de 26° 41′.

(****) On voit que dans ces additions on a posé 1 à la caractéristique au lieu de 11 ; cela vient de ce qu'il aurait fallu en ôter 10 pour le rayon qui entre comme diviseur dans les équations (x) du n° 25 (note de ce numéro).

Cherchant ces logarithmes dans la table, on trouve, vis-à-vis, pour a, 29 m. 37, et pour c, 58,44.

L'opération n'aurait pas plus de difficulté, si le côté connu était a ou c (*).

29. Connaissant les deux côtés a et c adjacents à l'angle droit, calculer un angle aigu, l'angle A par exemple.

Fig. 17.

La dernière équation (x) du n°. 25 donne, log. tangente A égale log. a — log. c =

1.46788 — 1.76668 = 9.70120 (*note déjà citée du n°. 25.*)

Le logarithme le plus approché qu'on trouve dans la table, colonne tangente, répond à 26° 41′, et l'on voit, vis-à-vis, que l'angle C = 63° 19′.

Quant au troisième côté b, on le trouvera par l'une des équations (x) précitées.

30. *Remarque.* — On peut aussi connaître l'hypoténuse b sans calculer l'angle, en se servant du principe du n° 16, car le carré de cette hypoté-

Ibid.

(*) Au lieu de disposer le calcul comme ci-contre, on peut poser les logarithmes de cette autre manière, en ayant soin de mettre celui du côté commun entre le logarithme du sinus et celui du cosinus.

$$1.46788 = 29, 37$$
$$\overline{}$$
$$9.65230$$
$$1.81558$$
$$9.95110$$
$$\overline{}$$
$$1.76668 = 58, 44$$

La première ligne est l'addition du logarithme du côté a et du sinus A, et la dernière ligne celle du même côté et du cosinus de cet angle A.

nuse est égal à la somme des carrés des deux autres côtés a et c du triangle (*) : ce procédé est au moins aussi expéditif quand on a l'habitude du calcul; mais c'est avec la table des carrés dont nous avons parlé au n°27 que ce calcul se fait promptement, comme on sera à même de le voir dans la suite ; toutefois, si l'on n'avait ni cette table ni celle des logarithmes, on ferait la somme des carrés des côtés connus, et l'on extrairait la racine, en suivant la règle du n° 114.

31. *Triangle obliquangle.*—Connaissant le côté a de 375ᵐ,4 et les angles B et C respectivement de 68° 2′ et 58° 53′, calculer les deux autres côtés.

Fig. 18.   On trouvera b par la seconde équation du n° 26, et c par la 3ᵉ du même numéro.

Type du calcul

log. 375,4 = 2. 57449

— l. s. 53°5′ = 9. 90282 { cet angle = 180° moins les deux autres angles.

2. 67167 . . . . 2. 67167

log. 58°53′ = 9. 93253. l. 68° 2′ = 9. 96727

log. c = 2. 60420   log. b = 2. 63894 (**)

(*) Cette règle fondamentale donne le carré a = au carré b — celui du côté c ; mais le carré de a est aussi égal à la somme des deux autres côtés multipliée par la différence de ces mêmes côtés. Si l'on fait ce dernier calcul on verra qu'il est un peu plus simple que le premier.

(**) Au lieu de faire la soustraction du logarithme du diviseur, on pouvait prendre son complément arithmétique, c'est-à-dire ce qui manque à chaque chiffre pour faire 9, excepté le dernier qu'on complète à 10 ; alors on additionne les trois

On trouve dans la table, vis-à-vis ces logarithmes, 402 pour c, et 435,5, pour b.

L'opération se ferait de la même manière avec
d'autres données dans le triangle, pourvu que ces
données se trouvassent comprises dans le premier
énoncé du n° 25.

32. J'ai dit (26) qu'il y avait des règles pour
calculer toutes les parties d'un triangle avec deux
côtés et l'angle compris, ou bien avec la longueur
de chacun des trois côtés.

Dans le premier cas, on fait la somme et la différence des deux côtés connus, et l'on pose l'un
sous l'autre,

1° Le complément arithmétique du logarithme
de la somme,

2° Le logarithme de la différence,

---

logarithmes ; mais j'observe que quand on n'a pas l'habitude
de ces opérations on s'expose à faire des erreurs en prenant
ce complément ; d'ailleurs le calcul n'est guère plus court :
cependant il procure l'avantage de pouvoir disposer l'opération comme on l'a fait dans la note du n° 28, et comme on
le voit ci-dessous.

$$2.60420 = 402.$$

$$9.93253$$
$$0.09718 \quad \text{(comp. du log. 53° 5')}$$
$$2.57449$$
$$9.96727$$

$$2.63894 = 435,5$$

Le premier total est l'addition des trois premières lignes,
et le dernier est aussi l'addition des trois dernières lignes.

3° Le logarithme de la cotangente de la moitié de l'angle donné (*).

Le logarithme de la somme de ces trois quantités est celui de la tangente de la moitié des deux autres angles. Ensuite, pour avoir le plus grand angle, on ajoute cette demi-différence avec la cotangente de la moitié de l'angle connu, et l'on obtient le plus petit angle, en ôtant cette demi-différence de la cotangente; d'ailleurs, ce dernier angle se trouve en retranchant la somme des deux autres de 180 degrés.

Pour le second cas, on opère ordinairement comme il suit :

De la demi-somme des trois côtés on retranche successivement chacun de ceux qui comprennent l'angle qu'on veut calculer; puis on ajoute ensemble les logarithmes des deux restes et les complémens arithmétiques de chacun des côtés qui forment cet angle; la moitié de la somme est le logarithme du sinus de la moitié de l'angle que l'on cherche, et cet angle étant connu on se trouve encore ramené à la règle du n° 25 (**).

On trouve des exemples de ces analogies dans

(*) C'est la demi-somme des deux autres angles; on la trouve en retranchant la moitié de l'angle connu de 90 degrés.

(**) Dans l'arpentage on cherche quelquefois un angle d'un triangle dont on a mesuré les trois côtés, pour voir si cet angle calculé est égal au même angle observé avec l'instrument. C'est une seconde preuve de la vérification des angles (13), et de la mesure des côtés. On verra aussi au n° 115 l'indication d'une application de ces règles.

tous les traités de trigonométrie; on peut aussi
voir mon Arpentage, ou mon Guide pratique,
n°s 59 et 60.

PARTAGES.

33. Un partage est sans contredit l'opération la
plus difficile et la plus délicate que le *géodésiste*
puisse avoir à faire. Il ne s'agit pas toujours d'un
travail géométrique où rien n'est donné au hasard ;
ce sont des lots qu'il faut établir par égalité de valeur
vénale, soit qu'on partage chaque pièce d'héritage,
ou que les héritiers prennent chacun un domaine,
sauf aux lots dont la valeur est plus forte à en
faire compte aux autres lots pour établir l'égalité.
Ainsi, tout impose à celui qui est chargé de faire
un partage de descendre avec soin dans tous les
détails qui peuvent le mettre à même de faire une
bonne estimation. Il devient alors expert, et l'on
sait que le rapport de ceux-ci influe toujours sur
la décision des tribunaux lorsqu'il s'agit de pro-
noncer sur des estimations de partage, ou sur des
questions de toute autre nature. (Il n'est même
pas rare de voir la décision en tout conforme au
travail des experts.) Il est donc nécessaire que
celui qui est appelé à ces opérations puisse faire
l'évaluation des héritages pour que son procès-
verbal soit le résultat de sa conviction raisonnée,
en faisant attention que la valeur d'un terrain de
même qualité peut différer d'une manière sensible
d'une commune à l'autre; et celui qui n'a pas encore les connaissances propres à l'évaluation des

biens champêtres fera bien de suivre , sur le terrain , des estimateurs habitués à ces sortes d'opérations. On devra non-seulement s'attacher à la valeur vénale de chaque pièce , il faudra aussi calculer son revenu *net* par un terme moyen , et ce revenu peut s'établir en évaluant d'abord ce que le terrain rapporte année commune , en ayant égard au prix des productions , et en déduisant ensuite les frais de semences, de récoltes, de cultures , etc. On devra aussi faire attention aux assolemens , au plus ou moins de difficultés du labour , au prix des ouvriers , à la distance pour aller au marché , et aux chemins plus ou moins bien entretenus, etc.

Enfin , il faut établir la recette et la dépense le plus approximativement possible.

Dans les pays où l'on retire une somme fixe de son domaine , le revenu net est facile à établir. L'impôt est aussi un indice qu'il est bon de consulter.

On peut encore prendre des renseignemens près des anciens cultivateurs du pays sur la valeur de la propriété que l'on veut estimer, et le prix qu'on peut l'affermer ; mais ce renseignement doit être vérifié. Au surplus, lorsqu'il s'agit seulement d'établir des lots égaux en produits ou en revenus , les propriétaires ou les fermiers peuvent , mieux que personne, donner l'évaluation, et surtout le revenu de chaque pièce ; et comme les lots doivent être tirés au sort, les copartageants n'ont point intérêt d'affaiblir ou d'augmenter le produit ; mais cela ne doit pas encore dispenser celui qui est chargé du partage de s'assurer de l'exactitude de ces évaluations afin de les rectifier s'il y avait lieu. (Voir encore pour plus de détails l'indication d'un rapport d'expert au n° 110.)

Remarque. — Pour les communes où le cadastre parcellaire est achevé, on connaît le revenu net de chaque pièce d'héritage, non compris l'impôt ; ainsi on pourra se procurer un extrait de la matrice cadastrale pour les biens dont il faut faire l'évaluation : cet extrait donnera ce revenu, la contenance et même le classement qu'on en a fait.

On peut aussi prendre une copie du plan.

Toutefois, il est essentiel d'observer que depuis 1822 les évaluations cadastrales sont généralement affaiblies, mais elles sont proportionnelles, ou du moins elles doivent l'être ; de sorte qu'il faut encore pouvoir connaître l'affaiblissement de chaque classe pour établir le véritable revenu et par suite la valeur vénale : cependant on peut tirer un grand avantage de ces extraits. Si le plan était bien fait on pourrait s'en servir pour y établir graphiquement les divisions (80); mais je conseille de prendre ce plan seulement pour renseignement (quoique reconnu exact), et de toujours faire l'arpentage de la pièce qu'on doit partager pour en connaître la contenance, en se servant des mesures prises à la chaîne, ou calculées.

Maintenant que nous avons indiqué ce qu'il convient de faire pour évaluer un terrain, nous allons dire comment on partage un champ en parties égales ou inégales. La règle est la même dans l'un comme dans l'autre cas, et, comme je l'ai dit

2.

ci-dessus, il suffit de connaître, par l'évaluation, combien une part doit être plus grande qu'une autre part en raison de la différence des produits pour établir ce partage; et puis que les parts inégales ne sont pas une difficulté, je supposerai, en général, qu'elles doivent avoir la même contenance. Cependant je donnerai (79) l'exemple d'un partage fait d'après les produits dans différentes qualités de terrain (*).

(*) Voici quelques dispositions du Code relatifs aux partages.

« Nul ne peut être contraint à rester dans l'indivision, et le partage peut toujours être provoqué, nonobstant prohibitions et conventions contraires; alors, l'estimation des immeubles est faite par des experts choisis par les parties intéressées, ou à leur refus, nommés d'office. Le procès-verbal des experts doit présenter les bases de l'estimation; il doit indiquer si l'objet peut être commodément partagé, de quelle manière; fixer enfin, en cas de division, chacune des parts qu'on peut en former, et leur valeur.

« Dans la formation et la composition des lots, on doit éviter, autant que possible, de morceler les héritages et de diviser les exploitations, et il convient de faire entrer dans chaque lot, s'il se peut, la même quantité de meubles, d'immeubles, de droits ou de créances de même nature et valeur.

« L'inégalité des lots en nature se compense par un retour, soit en rente, soit en argent. Les lots fixés et approuvés par les cohéritiers sont tirés au sort, et avant de procéder au tirage des lots, chaque copartageant est admis à proposer ses réclamations contre leur formation.

« Après le partage, on doit remettre à chacune des parties les titres particuliers des objets qui lui sont échus. Les titres d'une propriété divisée restent à celui qui en a la plus grande part, à la charge d'en aider ceux des copartageans qui y auront intérêt, lorsqu'il en sera requis.

Avant d'entrer en matière sur la manière de diviser un champ, je poserai quelques principes auxquels je renverrai souvent : c'est l'objet des numéros suivans, 34 à 37 inclus.

Fig. 19.

34. La surface du quadrilatère A B C D est égale à la moitié de la somme des produits qu'on obtient en multipliant Af par e D, et Cf par e B, quelle que soit la position des perpendiculaires e D, Cf. (Voir la démonstration au n° 116).

Fig. 20.

35. Si l'on fait l'opération indiquée par la figure 20 pour arpenter les deux parcelles qu'elle renferme, on aura la surface AEFB $=$ A h multiplié par E g, plus B g multiplié par F h, le tout divisé par 2 ; et en retranchant cette surface de celle A B C D, il restera l'*aire* de la pièce C D E F ; cela est de toute évidence, et l'on peut remarquer que le calcul est un peu plus simple que celui qu'on fait ordinairement en cherchant la surface du trapèze, et celle des deux triangles rectangles.

36. L'opération se simplifiera si le quadrilatère
Fig. 21. a été arpenté sur la diagonale A C, car on conclut de la règle du n° 18 que la surface de ce quadrilatère est égale au produit fait de cette diagonale et de la demi-somme des perpendiculaires e D, f B, c'est-à-dire que l'on a, surface A B C D $=$ A C mul-

---

« Quant aux titres communs à toute l'hérédité, ils sont remis à celui que tous les héritiers ont choisi pour en être le dépositaire, à la charge d'en aider les copartageans à toute réquisition : s'il y a difficulté sur ce choix, il est réglé par le juge. »

tiplié par la moitié de e D $+ f$ B (*) ; et quant à la
parcelle A B F E, on voit bien que sa surface est
égale à celles des triangles A B C, A E n, moins
n C F: or, si l'on a pu arrêter le point n sur l'alignement E F, en mesurant A C, on pourra calculer la superficie de chacun de ces triangles avec
les données de l'arpentage; mais si cette ligne E F
n'était pas apparente, et que de n on ne vît point
les extrémités E, F, pour compter à l'intersection n,
on trouverait n h en divisant le produit de la multiplication des mesures trouvées pour g h et h F,
par la somme des perpendiculaires g E, h F : c'est
l'application de la règle (K) du n° 5 sur la proportion

g E : h F : : g n : h n que donnent les triangles
semblables n E g, n h F. n h étant ainsi connu, on
a de suite A n et C n, qui sont les bases des triangles A E n, n C F.

Remarquez que pour avoir la différence de la
surface des triangles n E g, n h F, il suffit de multiplier g h par la moitié de la différence des perpendiculaires E g, F h ; ainsi, lorsque dans un arpentage on a déterminé les angles A, B, C, par les
perpendiculaires a A, c B, b C, menées d'une ligne
d'opération g h, aux angles A, B, C, il n'est pas nécessaire de calculer les surfaces d'emprunts, car

Fig. 22.

(*) La surface du quadrilatère est encore égale à la moitié
du produit de ses deux diagonales par le sinus de l'angle
qu'elles forment en se coupant. (Voir la démonstration au
n° 117).

on obtient la différence de ces surfaces avec celle du triangle B $d\,e$ en multipliant :

1° $a\,c$ par la moitié de la différence a A, c B ;

2° $b\,c$ id. b C, c B ;

et l'on voit bien que si c B est plus grand que a A le résultat sera additif, et que, dans le cas contraire, il sera soustractif.

Soit a A $= 10$, c B $= 18$, b C $= 20$, $a\,c = 22$ et $b\,c$ de 36,

$$\text{On aura } 8 \times 11 = + 0,88$$
$$2 \times 18 = - 0,36$$
$$\overline{ + 0,42.}$$

37. Pour procéder au partage en parties égales ou inégales, on fixe d'abord un point d'où la division doit partir, et l'on conduit à ce point une perpendiculaire élevée au côté sur lequel l'autre extrémité de la ligne divisionnaire tombera. Ainsi, Fig. 25. m étant fixé sur A D, si l'on veut prendre une surface s de manière que l'autre extrémité l de la ligne $m\,l$ se trouve sur A B, on élèvera la perpendiculaires $m\,p$, et l'on divisera $2\,s$ par cette perpendiculaire pour avoir A l ; c'est l'explication de ce qui est dit à la note du n° 18, que l'on voit avec évidence à cause de A l multiplié par $m\,p = 2\,s$, d'où A $l = 2\,s$ divisé par $m\,p$. Tel est le principe général de la méthode, et nous ferons connaître des procédés particuliers selon les cas, à mesure que nous avancerons. Enfin, nous représenterons toujours par s une des divisions du partage, ou la Fig. 24. quantité qu'il faut prendre, comme A D $m\,l$; s' indiquera la surface du triangle A $m\,l$, c'est-à-dire s

moins A D *m*, et *n* sera le nombre des parts lorsque la division devra être faite en parties égales.

Division géométrique des figures.

38. La division d'un terrain peut se faire de
deux manières :

1° En cherchant par le calcul les quantités in-
connues au moyen de celles données ou mesurées;

2° En levant d'abord le plan du terrain , et en
faisant ensuite la division sur le plan.

Quoique ces deux méthodes reposent sur les mêmes principes, il est néanmoins préférable d'employer la première lorsque l'on veut donner le plus
de précision possible à son travail ; d'ailleurs les
opérations sont souvent moins longues , et l'on
peut terminer le partage avant de quitter le terrain ; tandis que par la méthode graphique il faut
qu'on fasse le plan de la figure , et qu'on y trace
toutes les divisions (ce qui ne peut guère se faire
sur les lieux) , et quand ces divisions sont établies
on est obligé de retourner sur le terrain pour y
faire planter les bornes. Néanmoins j'indiquerai,
n° 80 et suivans, comment on fait ces partages sur
le papier, et j'en donnerai suffisamment d'exemples.

39. *Triangles.* — Les différens cas qu'on peut
supposer dans la division d'un triangle ne se présenteront probablement pas souvent. Je vais cependant en indiquer la solution , parce que le cas
peut arriver où l'on ait une figure triangulaire à
partager, et que les copartageans veuillent faire

aboutir toutes les divisions à une servitude, comme un puits, un pressoir, etc.; et d'ailleurs ce sera une introduction au partage des figures d'un plus grand nombre de côtés.

Fig. 25. « Diviser le triangle A B C en n parties égales. »

La division peut être demandée de manière à ce que les lignes qui doivent faire le partage soient tracées d'un des angles du triangle sur le côté opposé. Dans ce cas, si les lignes divisionnaires doivent aboutir à l'angle C, on divisera A B en n parties égales, et les lignes menées de cet angle aux points de division feront le partage demandé (19).

Si A B est de 180 m., chaque division vaudra 180 divisé par n, et s'il y a trois copartageans n sera représenté par 3, et les distances A a, $a b$, b B, seront chacune de 60 m.

Si la division devait être faite en parties inégales, c'est-à-dire dans une proportion donnée de Fig. 26. m à p, on trouverait le point a de division en faisant

A $a = m$ multiplié par A B, divisé par $m + p$.

En supposant $m = 3$, et $p = 2$, on aura

A $a = 3 \times 180$ divisé par $5 = 108$.

Si les points doivent être dans le rapport des Fig. 27. nombres donnés m, o, p, on divisera A B par la somme de ces nombres; le quotient multiplié par m donnera A a, et multiplié par o on aura $a b$; c'est toujours la même règle. On peut aussi, mais seulement pour vérification, multiplier ce même quotient par p; le produit sera b B, et si on l'ajoute à la distance A b, trouvée ci-dessus en deux parties, on devra avoir 180. Tout cela n'est qu'un jeu arithmétique qui ne présente aucune difficulté (*).

Fig 29.   40. Supposons maintenant que les divisions doivent aboutir au point D situé dans l'intérieur du triangle, et qu'on a mis pour condition qu'une ligne de division joindra le sommet de l'un des angles.

Si C D doit être une division, après avoir arpenté le triangle A B C, et mesuré les perpendiculaires (**) D h, D f, on fera $s =$ au tiers de la

---

Fig. 28.   (*) Si l'un des côtés, comme CDB, était sinueux, on imaginerait le triangle ACB, et, après avoir arpenté cette figure, on en soustrairait la partie comprise entre BC et le chemin, et l'on fixerait encore le point a comme ci-dessus, c'est-à-dire d'après le principe du n° 19. Soit la surface totale de 47 ares 40 centiares, à partager en deux parties égales, et la portion CDB$=3^{ar}$ 40^c; la partie A a C vaudra 2370, et le triangle ABC 2030; on aura donc

440 : 237 : : AB : Aa; d'où A $a =11\times$ 237 divisé par 44 $= 59, 25.$

On peut aussi faire a B $=$ 40, 60 (double de a C B), divisé par 80 $=$ 50, 75 (note du n° 18).

(**) Il faut avoir le plus grand soin de bien déterminer le pied de la perpendiculaire e B, car s'il était mal à propos en
Fig 31.f la ligne f B serait oblique (puisqu'on a chaîné au point B) et plus grande que e B; dans ce cas l'erreur de l'arpentage du quadrilatère ADBz serait d'autant plus forte que f s'éloignerait davantage du point e. Cette erreur augmentera la contenance si f est entre A et e, et elle la diminuera si ce point f est entre e et z.

Enfin, l'irrégularité n'est pas moins évidente quand il s'agit de faire le plan de la figure. D'un autre côté, il ne faut pas perdre de vue, lorsqu'on mesurera sur des terrains en pente, qu'on doit tenir la chaîne le plus horizontalement pos-

surface A B C, en supposant encore $n = 3$, et l'on aura

A E $= 2$ s′ divisé par D f, dans le cas que la surface A C D est plus petite que s.

(s′ $=$ A D E , n° 37).

Si le triangle B C D $= s$, l'opération sera terminée, et les lignes de division seront C D, D E, B D; mais si la surface de ce triangle est plus grande que s, comme on le suppose ici, on pourra faire,

C F $= 2$ s divisé par D h', ou bien

B F $= 2$ s′ divisé par D h', en prenant $s' =$ B C D $- s$.

On voit qu'on a fait littéralement ce qui est indiqué au n° 37, et l'application numérique ne peut présenter aucune difficulté (*).

Remarque. — Si le triangle était arpenté à l'équerre, et qu'on demandât qu'une ligne de division, comme D f, fût perpendiculaire sur A B, on pourrait faire ce partage avec les données de l'arpentage, sans être tenu à mesurer les perpendiculaires élevées au point D, comme on a été obligé de le faire dans l'exemple précédent.

Fig. 50.

---

sible, et que le pied de l'équerre doit toujours être *piqué* verticalement.

Il en est de même quand on prend des angles; l'instrument doit être placé horizontalement sur son pied.

(*) Il est évident que la solution ne changerait pas sans la condition de CD pour une division, en se donnant un point sur un des côtés du triangle; car alors, en menant une ligne de ce point à celui donné D, cette division remplacera celle CD, et l'opération se continuera comme ci-dessus.

Pour simplifier, faisons

$$(R) \begin{cases} k = Af \times Df; \ m = Af \times CH; \ p = Df \times AH; \\ r = 2s - k, \ \text{et l'on aura} \\ Ah = r \times AH \text{ divisé par } (m - p). \end{cases}$$

Pour avoir B g , on mettrait Bf à la place de Af, et B H au lieu de A H , dans les expressions ci-dessus. (Voir la démonstration au n° 118.)

On pourrait chercher A E pour fixer plus sûrement le point E, en faisant A E = A h × A C divisé par A H , que donnent les triangles semblables A C H , A E h.

Enfin , si A C n'a pas été mesuré, on calculera ce côté par le principe du n° 16; d'ailleurs en faisant

Tang. A = C H divisé par A H, on a

A E = A h divisé par cosinus A.

De même, tang. B = C H divisé par B H , et

B F = B g divisé par cos. B (25)

Soit A B = 100 et C H = 90; s sera de 15 ares.

Si B H = 40; Df = 30 et f H = 10 , en faisant le calcul comme il est indiqué par les équations (R) ci-dessus, on a

$$2 s = 3000$$
$$k = 50 \times 30 = 1500$$

$r = 1500$, multipliant ce nombre par A H , qui est égale à 40 , on a 90000 pour dividende, et le diviseur se compose de

$$m = 50 \times 90 = 4500$$
$$- p = 30 \times 60 = 1800$$

$$(m - p) = 2700 \text{ diviseur ;}$$

divisant donc 900 par 27 on obtient A h de $33\frac{1}{3}$, et si A C a été trouvé de 108 m.

A E sera égal à $33\frac{1}{3} \times 108$ divisé par 60 $=$ 60 m.

On a de même, à cause que B $f = 50$, dans cet exemple,

$$B g = \frac{1500 \times 40}{50 \times 90 - 30 \times 40} = \frac{600}{33} = 18^m,18.$$

Cela étant fait, si B C est de 95,6 les triangles semblables B C H, B F g, feront connaître B F de 43,45 en multipliant 18,18 par 95,6 et en divisant le produit par 40.

Nota. On devra étudier cette méthode jusqu'à ce qu'on s'en soit rendu l'application familière'; elle est d'ailleurs assez simple, quand on en connaît la marche.

41. Je vais maintenant supposer que toutes les parts doivent aboutir sur un des côtés du triangle comme en D, sur A B.

Fig. 32.

En imaginant les perpendiculaires G h, F g, il est évident que l'on a G $h = 2s$ divisé par A D, et que l'on a de même

F $g = 2s$ divisé par B D.

Puis, les triangles semblables donnent

B F $=$ B C $\times$ E g divisé par la perp. C c.

A G $=$ A $\times$ G H   id.

On a encore plus simplement,

B F $=$ ' B $\times$ B C divisé par $n \times$ B D,

et A G $=$ A B $\times$ A C divisé par $n \times$ A D (*).

(*) Ces équations sont tirées de la règle du n° 18, qui donne

Pour avoir deux parts sur les côtés A C, B C, on multiplierait le dividende par 2, et s'il fallait trois parts on multiplierait par 3.

Les côtés étant, savoir, A B $=$ 180 m.; A C 150; B C 160, et A D de 93; en faisant $n = 3$, les dernières équations donneront

$$A\ G = \frac{180 \times 150}{3 \times 93} = 96,77$$

$$B\ F = \frac{180 \times 160}{3 \times 87} = 110,34.$$

42. *Remarque.* — S'il arrivait que le résultat qui donne A G, par exemple, fût plus grand que A C, le point G ne tomberait pas sur cette ligne, et l'on aurait C G $= s' \times$ B C divisé par B C D (*s'* étant toujours l'aire du triangle C D G qui manque à C D A pour faire une part, n° 37). Ou bien on multiplie le produit fait des côtés A B, B C, par le nombre des parts moins une, et l'on divise le nouveau produit par $n \times$ B D : le quotient donne la distance B G.

Fig. 53.

En continuant de faire $n = 3$, si A D $= 50$, on aura B G $= (2 \times 180 \times 160)$ divisé par 130 $\times$ 3, ou 5760 divisé par 39 $= 147, 7$.

Pour fixer B F on prendra la moitié de ce nombre, c'est-à-dire 73, 85.

43. « Partager un triangle par une perpendicu-
« laire menée à l'un de ses côtés. »

$$n\ :\ 1\ ::\ AB \times BC\ :\ BD \times BF\ ;\ \text{d'où}$$
$$BF = \frac{AB \times BC}{n \times BD}.$$

Pour résoudre cette question, qui trouve fréquemment son application dans le tracé des coupes d'un aménagement, si le triangle doit être partagé en parties égales par une perpendiculaire E D menée au côté B C, on a

B D = la racine de B C × B m divisé par le nombre des parts, pour la première division, et pour la seconde ce serait le double, le triple pour la troisième, etc., c'est-à-dire qu'il faudrait prendre la racine du double ou du triple de B C × B m divisé par n. En général, pour diviser dans un rapport donné de p à q, on fait

B D = à la racine du produit des trois quantités p, B C, B m, divisé par $p + q$. (Voir la démonstration au n° 119).

Si le partage doit être fait en trois parties égales, en supposant B C = 160^m,2 et le segment B m de 113, 8, on aura

Le carré de B D = 160,2 × 113,8 divisé par 3 = 6076,92 ; en prenant la racine de ce nombre (114), on obtient B D de 77, 95.

Voici le calcul par les logarithmes.

Comme 160,2 est exactement divisible par 3, on évitera les soustractions en posant tout de suite

 1.72754 (c'est le log. de 53,4, tiers de 160,2)
 2.05614 *id.* 113,8,

 3.78368 . . . . . log. du carré.
 1.89184 . . . . moitié, pour la racine.

Cherchant ce dernier logarithme dans la table, on trouve aussi 77,95 (*). On porte cette distance

***

(*) Si l'on compare ces deux calculs on verra que le prede B en D pour fixer le pied D de la perpendiculaire qui détermine une part ; mais pour mieux assurer le point E sur A B on mesure ce côté, ou bien on le calcule au moyen du triangle rectangle A m B, et l'on sait que l'on a B E $=$ A B $\times$ B D divisé par B m ; ou bien encore on se sert du principe du n° 18 si l'on connaît la perpendiculaire A m (*).

Une équation semblable fixerait une part du côté de A C, et s'il arrivait que la racine qui donne C F fût plus grande que C m, comme cela a lieu dans cet exemple, on déterminerait le point G de la seconde part sur A B, en faisant aussi

B G $=$ A B $\times$ B F divisé par B m, que donnent les triangles semblables B D E, B m A.

La solution de cette question, assez importante, devra être étudiée avec soin.

Remarque. S'il n'était pas possible d'avoir le Fig. 56. pied m de la perpendiculaire A m, et qu'on voulût cependant établir E D perpendiculaire au côté B C, de manière à ce que le triangle B D E fût égal à une surface donnée s, on mènerait d'un point Fig. 57. quelconque d une perpendiculaire e d ; on mesurerait B d, e d, et l'on calculerait la surface du

---

mier est beaucoup plus long que celui-ci, et qu'on est même exposé à y commettre des erreurs qu'on fait rarement en employant les logarithmes.

(*) Dans ce cas, il est évident qu'en représentant la surface BDE par s, on a encore, d'après la règle du n° 20, BD égale la racine du double de la surface s multipliée par B m, divisé par A m.

triangle rectangle B d e ; alors on trouverait B D par le principe du n° 20 qui donne

B D = la racine du carré de B d multiplié par s, divisé par la surface B e d ; ou , 2ᵉ note de ce numéro ,

B D = la racine de 2 s × B d, divisé par e d. Ayant ainsi trouvé B D, on porte sa longueur de B en D, et l'on élève la perpendiculaire E D. Toutefois on fera bien de mesurer cette ligne pour voir si , étant multipliée par la moitié de B D, le quotient sera égal à la surface s, du moins à très peu près. Si l'on a bien opéré on sait qu'on aura

B E = la racine de la somme des carrés B D , D E (*).

Soit la surface s de 90 ares , et celle mesurée B e d de 40 ares; en supposant B d de 80ᵐ, la première équation donnera 90 multiplié par le carré de 80 divisé par 40 = 14400, dont la racine est 120 : c'est la longueur de B D.

Par la seconde équation , si e d a été trouvé de 100, on aura le carré de B D = 18000 × 80 divisé par 100 = 14400, comme ci-dessus.

Dans cet exemple le calcul était tellement simple que l'opération par les logarithmes aurait été moins courte; mais il est très rare de rencontrer des nombres qui se prêtent aussi bien au calcul arithmétique (**).

(*) Pour que cette opération soit exacte il faut que la ligne e d soit bien établie et mesurée avec soin.

(**) Si au lieu de mesurer B d, e d, on avait pris l'angle ABC, on aurait fixé le point D comme il suit : soit cet angle

Fig. 58.   44. « Diviser le triangle A B C en un nombre n « de parties égales par des lignes parallèles au côté « A C. »

Faites B D $=$ A B multiplié par la racine de l'unité divisée par n. (Voir la démonstration au n° 120.)

Pour B E on substitue B C au côté A B.

On obtient les points de la seconde part en faisant

B F $=$ B C multiplié par la racine de $2/n$, et pour B G on met A B à la place de B C.

Les côtés du triangle étant les mêmes que dans l'exemple du n° 41, en faisant encore $n = 3$, on prendra la racine de $\frac{1}{3}$ (*), et on la multipliera par A B pour avoir B D, ce qui donnera $0,5773 \times 180 = 103,91$.

On aura de même B E $= 0,5773 \times 160 = 92,37$.

Pour connaître le point G de la seconde division on extraira la racine de $\frac{2}{3}$, et on la multipliera successivement par A B et par A C, ce qui donnera B G $= 0,8162 \times 180 = 146,92$

B F $= 0,8162 \times 160 = 130,59$ (*).

---

de 51° 20′, on prendra la moitié de sa tangente naturelle $= 0,625$, et la surface 9000 divisée par ce nombre donne aussi le carré BD de 14400.

(*) Si $n=4$ la racine sera $\frac{1}{2}$, et dans ce cas on a BD$=90$.

(**) On abrège beaucoup ces opérations avec la table des logarithmes.

Pour BD, par exemple, on pose

$\frac{1}{2}$log. $\frac{1}{3} = 9.76144$ (c'est le log. de la racine de $\frac{1}{3}$)

log. $180 = 2.25527$

log. BD$=2.01671$ répondant à $103^m, 9$.

On voit que ce calcul revient encore, pour avoir B G, à prendre la racine des 2/3 du carré de A B, et pour B F on substituerait B C au côté A B.

Remarque. Si l'on ne voulait pas une précision rigoureuse dans le parallélisme de la ligne de division, on pourrait faire la perpendiculaire C p = s divisé par A C; puis élever à celle-ci la petite perpendiculaire p F qui fixerait le point F sur B C.

Ensuite on détermine G comme il est indiqué au n° 37, c'est-à-dire qu'on élève au côté A B une perpendiculaire sur F, et qu'on fait A G = s divisé par h F.

Ou bien on mesure la diagonale A F, ou on la calcule si on a chaîné p F, en prenant la racine de la somme des carrés Cp, et (A C — p F); puis on divise s par A F, et l'on porte le quotient sur une perpendiculaire A r, élevée au côté A F.

Enfin on fait l'angle droit A r G, et la rencontre de cette nouvelle perpendiculaire avec A B satisfait à la question, c'est-à-dire que la surface du quadrilatère A C F G = s, et que la ligne G F est à peu près parallèle au côté A C (*).

Si l'on opère avec la table des carrés on cherche le nombre 180, et l'on voit à côté son carré 32400; on en prend le $\frac{1}{3}$, puisqu'on divise par 3, et l'on a 10800. On cherche ce dernier nombre dans la table, et l'on voit qu'il correspond à 103, 9; c'est la racine de 10800, et par conséquent la longueur du côté BD.

(*) Si, en faisant usage du premier procédé pour fixer le point G on ne pouvait élever la perpendiculaire hF, après avoir calculé AF comme ci-dessus, on pourrait avoir l'angle ÇAF (25), et on le soustrairait de celui CAh, qu'on mesure-

Il est facile de voir que le pied des perpendiculaires A r, C p, peut être à tout autre endroit qu'au sommet des angles, pourvu que l'instrument (équerre ou graphomètre) scit sur A C, ou sur son prolongement. (Voir les numéros 57 à 60.)

45. On peut encore demander, 1° de faire la division par une ligne E D, opposée à l'angle A, qui fût la plus petite possible, afin qu'il y ait moins de dépense si l'on voulait établir un mur de clôture sur cette ligne.

2ᵉ De prendre une surface s qui soit limitée par une ligne droite passant par un point situé dans l'angle du polygone, ou, qui, étant en dehors, se trouve dans la direction de cette ligne de division.

Pour le premier cas on fait A D = la racine de A C × A B divisé par n; on porte la même distance sur A C, et du point E, où la mesure finit, on mène E D qui fait la première part.

Le triangle A E D étant isocèle, en prenant la racine de A C × A B divisé par 2 n, et la portant de A en F et de A en G, la ligne G F fera la seconde part, et ainsi des autres divisions s'il y en avait un plus grand nombre.

Dans la seconde proposition il y a deux cas à distinguer : celui où le point D se trouve dans l'intérieur du triangle A B C, ou en dehors de la figure.

Quelle que soit la position du point D, on mesure la perpendiculaire D F abaissée du point

---

rait ; alors le triangle rectangle AhF donnerait hF=A F multiplié par le sinus de l'angle F A h (même principe du n° 25).

donné sur le côté opposé A C, prolongé s'il est nécessaire ; on mène au côté A B une parallèle D G,
et l'on mesure la distance A G.

En faisant D F $= h$, et A G $= p$, si l'on représente $\frac{s}{h}$ par a, on aura, pour le cas où D se ou ve
dans l'intérieur de la figure

A $m = a +$ ou moins la racine de $(a - 2\,p) \times$
a ; et si le point D est hors de la figure, on aura

A $m = a +$ la racine de $(a + 2\,p) \times a$. (Voir
la démonstration au n° 121).

Si les données sont telles qu'on les voit inscrites
dans la figure on trouvera, en supposant s de 18
ares 50 centiares, et D dans l'intérieur,

$$a = \tfrac{1850}{30} = 61,\ 67$$

$(a - 2\,p) = 9{,}67$ qui, multiplié par

61, 67, donne 596,35, dont la racine $= 24{,}46$

A $m = \overline{86{,}13}$

La question est résolue, car en mettant un jalon m et un autre en l sur A B, dans la direction
m D, la ligne $m\ l$ fera la division.

On peut remarquer que la seconde solution ne
peut avoir lieu dans cet exemple, car en soustrayant la racine on aurait A m' de 37, 21, et l'a-
lignement m' D tomberait en l' sur B C.

Dans la figure 35, où je suppose s de 12 ares 33
centiares, on a $\frac{1233}{27} = 45{,}7$

$$-\ 45$$

$$\overline{\phantom{0{,}7 \times}}$$

0,7 $\times$ 45,7 $= 32$, dont la
racine est 5,7, ce qui donne 51,4 pour A m, et 40

3.

pour A m', et l'on satisfait à la question en traçant la droite $l\,m$ ou $m'\,l'$, passant par le point D.

L'application du second cas, c'est-à-dire celui où D (fig. 34) se trouve hors du triangle, n'a pas plus de difficulté, et elle est même dégagée de la considération des signes. Si comme on le voit dans la figure la perpendiculaire $= 55$, et $p = 25$, s étant toujours de 1850, on aura $a = \dots 33, 6$ $a + 2\,p = 83, 6$; multipliant par 33, 6, on

a 2808,96 dont la racine est   53   »

$$\text{A } m = 86,\ 6$$

dans cette hypothèse.

Fig. 66. Enfin ces procédés peuvent être appliqués à une figure quelconque, car si on veut que la ligne $l\,m$ passe par le point D' il suffira d'ajouter la surface du triangle D C r à celle donnée s, et d'opérer ensuite comme ci-dessus.

En voilà assez sur une question qui ne se présentera peut-être pas; cependant on peut en faire naître l'occasion pour qu'une ligne droite passe par un point de servitude, et si le point est en dehors de la figure il peut servir de repère à la ligne de division, et faciliter sa reconnaissance en cas d'empiétemens de la part du voisin.

46. *Trapèze.* — Pour diviser un trapèze par une ligne menée sur les côtés parallèles, on a vu (21) qu'il suffit de prendre la moitié de ces côtés quand on divise en deux également, ou le 1/3 si la division doit être faite en trois parties égales; et en général pour prendre une surface s on a

Fig. 40. A $m = s \times$ A B divisé par la surface A B C D (*),
et pour D l on substitue la base C D à celle A B.

Toutefois le calcul n'est pas aussi simple quand
la division doit être faite par une droite parallèle
aux bases du trapèze, ainsi qu'on va le voir.

Fig 41. 47. Soit une surface s à prendre dans le trapèze A B C D, dans lequel on connaît les bases
A B, C D, et la hauteur perpendiculaire O C.
ou les côtés A D, B C, de manière que la ligne de division $l\ m$ soit parallèle à ces mêmes
bases.

Pour résoudre cette question, imaginez les côtés
A D, B C, prolongés jusqu'à leur rencontre en k :
puis divisez successivement

(A)

CD × AD, et CD × BC, par la différence
des bases AB, CD;
Vous aurez respectivement D k et C k.
Enfin, calculez la surface du triangle CD k,
soit par les trois côtés (18), ou par la base
CD et la hauteur $bk = $ CD × OC divisé
par la différence des bases.

(*) Pour avoir la surface de chaque parcelle renfermée
dans ce trapèze, il suffit de multiplier la somme des deux largeurs par la moitié de la hauteur Ch du trapèze.

Si l'on avait pris l'angle en A ou en B, cette hauteur serait
AD multiplié par sinus A ; ou BC × sinus B (25).

Enfin, il est bon de faire remarquer que lorsqu'on fera l'arpentage d'un quadrilatère sur le côté AD, on s'apercevra
que c'est un trapèze si la somme des deux hauteurs multipliée par AD est égale au double de la surface ABCD, ou si
la somme des angles mesurés en A et en D vaut 180.

(A) Ajoutez la surface CD k avec celle s ; la règle du n° 20 donnera $kl^2 = $ D $k^2 \times klm$ divisé par CD k (*) ; et pour avoir km^2 on substitue, dans cette expression, le carré de C k à celui de D k, et l'on a

$$\mathrm{D}l = lk - \mathrm{D}\,k.$$
$$\mathrm{C}m = mk - \mathrm{C}\,k.$$

Autrement. — Si l'on voulait la hauteur $b\,r$ du trapèze C D $l\,m$ qu'il faut établir, après avoir déterminé $b\,k$ comme ci-dessus, on ferait

(B) $r\,k = $ la racine de $b\,k^2 \times k\,l\,m$ divisé par D Ck, et, en retranchant $b\,k$ de cette racine, on aurait $b\,r$.

Soit A B $= 160$ m. ; C D de 90 ; la hauteur O C $= 100$ et la surface C D $l\,m$, ou s, de 42 ares,

On aura $b\,k = 90 \times \frac{100}{70}$, ou $\frac{900}{7} = 128{,}57$, et la surface

D C k sera égale à ce dernier nombre multiplié par 45 ; elle sera donc de 5786

       ajoutant $s = 4200$

               $\overline{\qquad\qquad}$

on a 9986, qu'on divise par 5786, et l'on obtient 1,726 pour quotient ; ainsi $r\,k^2 = (128{,}57)^2 \times 1{,}726 = 28531$; prenant la racine de ce nombre on a $r\,k = 169{,}2$. Si l'on en ôte $b\,k$ de 128,57, le reste 40,63 sera la hauteur $b\,r$, avec laquelle on pourra fixer les points l, m, comme il est indiqué à la remarque du n° 44, car ici $b\,r$ représente les perpendiculaires A r, C p, fig. 38. Mais il sera plus commode et peut-être

---

(*) kl^2 exprime le carré de la ligne kl.

plus exact de fixer ces points avec les distances
D l, C m.

Pour cela, les expressions (A) donnent d'abord
$$D = \tfrac{9.9}{7}, \text{ ou } \tfrac{9}{7} \times 102,8 = 132,17, \text{ et}$$
$$C\,k = \tfrac{9}{7} \times 110 = 141,43, \text{ en supposant}$$
A D, B C, respectivement de 102,8 et 110.

Par conséquent $l\,k^2 = (132,17)^2 \times 1,726$, et
$$m\,k^2 = (141.43)^2 \times 1,726.$$

En effectuant les multiplications et extrayant la racine, on trouve
$$l\,k = 173,80, \text{ et } mk = 186.02 ; \text{ce qui donne}$$
$$D\,l = 173,80 - 132,17 = 41,63, \text{ et}$$
$$Cm = 186,02 - 141,43 = 44,59.$$

On peut aussi proposer de prendre une surface s qui soit à celle A B C D, ou S, dans le rapport de f à g; dans ce cas, après avoir calculé la surface du trapèze, on ferait
$$s = f \times \text{S divisé par } g,$$
et s étant connu, on continuerait l'opération comme ci-dessus.

(C) $\left\{\vphantom{\begin{array}{c}a\\a\\a\end{array}}\right.$ On sait que la hauteur $b\,r = 2\,s$ divisé par C D $+\,l\,m$; or, on trouve $l\,m$ en extrayant la racine de $\left(\dfrac{2\,a.\,s + C\,D^2}{O\,C}\right)$, ou de $\left(\dfrac{s + C\,D\,k}{C\,D\,k}\right) \times C\,D^2$

(a représentant la différence des bases AB, CD).

On peut donc encore faire usage de l'une de ces formules.

Enfin, lorsque le rapport de f à g est connu, celui des surfaces C D $l\,m$, A B $m\,l$, l'est aussi; alors on peut se dispenser de calculer la surface du triangle C D k pour avoir $l\,m$, comme l'exige la seconde expression ci-dessus, ou d'y faire entrer la surface s, car si ce dernier rapport est comme $m : n$, on a, dans le cas que la portion représentée par m est contiguë au côté C D,

(D) $l\,m^2 = (m . \text{A B}^2 + n . \text{C D}^2)$ divisé par $(m + n)$

(Voir la démonstration au n° 122.)

Si la partie représentée par m doit être la moitié de l'autre portion, on aura $m = 1$ et $n = 2$: dans ce cas le carré de $l\,m$ est égal au 1/3 de la somme du carré de A B et du double de celui C D.

Dans cette hypothèse on a

$l\,m^2 = (160^2 + 90^2 \times 2)$ divisé par $3 = 13933\,\tfrac{1}{3}$; en prenant la racine de ce nombre on trouve $l\,m = 118^m, 3$.

La surface du trapèze étant de 125 ares; s devant en être le 1/3 sera de 41, 67; on aura donc,

1re équation (C),

$b\,r = 8333\ 1/3$ divisé 208, $3 = 40$.

Par la 2e équation on a 8333, $1/3 \times 0,7 = 5833\ 1/3$

le carré de C D $= 8100$.

carré de $l\,m = \overline{13933\ 1/3}$

comme ci-dessus.

Quoiqu'on trouve peu de figures ayant réellement les conditions d'un trapèze, on fera bien néanmoins de ne pas passer légèrement sur les différentes solutions que nous venons de donner dans ce numéro, parce que ces règles servent de bases pour résoudre des questions analogues qu'on peut proposer sur un quadrilatère quelconque, ainsi qu'on aura occasion de le voir dans la suite.

Fig. 42.   48. *Quadrilatère.* — Partager le quadrilatère A B C D, en n parties égales, en supposant les points de division fixés, par exemple, sur B C. Si *m* est un de ces points, on mesurera la surface du triangle A B *m*, et la perpendiculaire *l m* (37); puis on aura

A *p* = 2 s' divisé par *l m* (s'étant toujours s — A B *m*.)

Si l'on veut D *p*, s' sera représenté par s — *l* a surface C D *m*.

Supposons qu'on veuille partager ce quadrilatère en deux parties égales par une ligne *m p*,

On fera l'arpentage de cette figure, et l'on prendra le point *m*, par exemple à 150 m. de l'angle B.

Si la surface A B C D est de 5 hectares 26 ares 25 centiares, celle A B *m* 85 ares et demi, et la perpendiculaire *l m* de 161^m, 4, on aura s' = 26313 — 8550 = 17763; par conséquent

A *p* = 355260 divisé par 1614 = 220^m, 1 (*).

49. Si le quadrilatère a été arpenté à l'équerre, comme l'indique la figure, on pourra opérer comme il suit :

Fig. 44

Puisque *m* est fixé, on y élèvera une perpendiculaire *l m*, qu'on mesurera (**).

(*) *Autrement.* Élevez la perpendiculaire A *a*, et calculez A *m* au moyen du triangle rectangle A *a m*; menez à cette ligne A *m* une perpendiculaire A *b* que vous ferez égale à 2 *s* divisé par A *m*; puis au point *b* vous élèverez sur A *b* une perpendiculaire qui fixera le point *p*.

Fig. 43.

Cette pratique est analogue à celle de la remarque du n° 44.

(**) Si l'on ne s'est point occupé de cette perpendiculaire en faisant l'arpentage, on imaginera *e* B parallèle au côté AD, et l'on connaîtra *vl*, *lm*, à l'aide des triangles semblables B *e* C B *d m*, en supposant BC mesuré, et si cette ligne n'a

Fig. 45.

On calculera la surface A B $m\ l$, et, en représentant toujours s', par s moins cette surface calculée, on aura

$$l\ p = 2\ s' \text{ divisé par } l\ m,$$

et l'on portera la mesure de cette perpendiculaire vers D ou vers A, selon que la surface s sera plus petite ou plus grande que la portion A B $m\ l$.

D'après les cotés du canevas la contenance A B C D $= 52625$; si la division se fait encore en deux parties égales, s vaudra 26313 (en ne prenant pas de fraction de centiare). On trouve aussi A B $m\ l$ de 22711; par conséquent $s' = 3602$, et l'on a

$$l\ p = 72040 \text{ divisé par } 1614;$$

le quotient est $44^{m},6$, qu'on portera de l vers D, parce que la surface A B $m\ l$ est plus petite que celle s qu'on veut prendre; ainsi

$$A\ p = 220^{m},1.$$

L'opération serait absolument la même si le partage devait être fait en trois ou en quatre parties égales; il suffirait de faire $s = $ au 1/3 ou au 1/4 de la surface A B C D, etc.

Enfin, si au lieu de mesurer les perpendiculaires B v, C z, on avait observé les angles en A et en D, on les aurait calculés, ainsi que les segmens A v, D z, par la règle du n° 25.

Fig. 46.   50. Si le point donné p est sur A D, on prendra

---

pas été chaînée, on l'obtiendra en prenant la racine de la somme des carrés de $v\ z$ et de la différence des perpendiculaires Cz, Bv.

D'après les mesures inscrites dans la figure, on trouvera BC $= 309,2$ $v\ l$ de $145,5$ et $l m = 161,4$.

B C pour base de l'arpentage , et l'opération se fera de la même manière que dans l'exemple précédent.

Avec le chiffre inscrit au canevas , et en supposant A p de 220 m., on trouvera $v\,l = 213, 1$ et $l\,p$ de 167, 43 (*); de plus on aura la surface A B C D $= 52618$, et celle A B $l\,p$ de 26566 ; ce qui donnera $s' = 257$, et l'on aura

$l\,m = 51400$ divisé par $16743 = 3, 07$.

Donc B $m = 213, 1 - (60 + 3, 07) = 150^m, 03$ dans cette hypothèse.

51. Dans les deux derniers exemples, on a pris pour base de l'arpentage le côté opposé au point donné, ou fixé à volonté ; s'il n'était pas possible de faire le mesurage de cette manière, on pourrait opérer comme il suit :

Fig. 47.   Au point p donné sur la base A D de l'arpentage, on imagine la perpendiculaire $o\,p$, et on en trouve la longueur (note du n° 49). On calcule la surface AB op, et l'on prend la différence avec celle A B $m\,p$ qu'on veut établir ; puis on divise le double de cette différence par $o\,p$ pour avoir la hauteur $c\,m$ du triangle $o\,m\,p$, et l'on peut par conséquent placer le point m comme il est indiqué à la remarque du n° 44, parce que $o\,p$, $c\,m$, représentent respectivement les lignes A F, A r, figure 38 ; mais on peut avoir $o\,m$ par le calcul, car si on imagine B g parallèle au côté A D, les triangles semblables donneront

---

(*) Il est entendu qu'on a mesuré AD, ou qu'on l'a calculé comme il est indiqué dans la note du numéro précédent.

B g ou $v\,p$: o B mesuré , ou calculé :: $e\,m$: $o\,m$; c'est-à-dire que $o\,m = o$ B $\times e\,m$ divisé par $v\,p$.

Si nous prenons les données de la figure 44, avec la distance $v\,p$ de 190 ^{m}, 1, telle qu'elle a été déterminée au n° 49, on trouvera $o\,p$ de 172 ^{m}, 5; et la surface A B $o\,p$ sera 30154; si on en ôte $s =$ 26313, il restera 3841; divisant le double de ce nombre , ou 7682, par 172, 5, on aura $e\,m =$ 44 ^{m}, 5 (*).

Maintenant si l'on veut $o\ m$, en supposant o B mesuré ou calculé de 195 ^{m}, 9, les triangles semblables donneront

$o\,m = 195$ ^{m}, 9 $\times$ 44, 5 divisé par 190, 1 $= 45, 85$, ce qui donne B $m = 195, 9 - 45, 85 = 150, 05$.

52. *Autre solution.* — Si l'on ne veut pas élever

(*) Si l'on ne voulait pas cette précision rigoureuse qui donne quelquefois un résultat peu différent de celui de la méthode approximative, quand on sait faire un bon usage de celle-ci, on pourrait considérer la perpendiculaire op comme l'étant aussi sur BC, et porter la longueur em, de 44^{m}, 5 de o en m; mais on voit que dans cet exemple l'erreur serait de 1^{m},35 sur cette distance, et de 1 are 16 centiares sur l a surface.

Cette différence fait voir que dans ces opérations approximatives, on doit se conduire avec discernement, et ne pas employer ce procédé lorsque BC s'éloigne trop du parallélisme de AD. Toutefois, si la figure était rapportée exactement, on pourrait prendre la perpendiculaire tombant de BC au point p, avec l'échelle et le compas (80 et suivans), et l'on aurait moins de différence dans le résultat qui donne om.

Enfin, on peut remarquer que dans cet exemple l'erreur est sur la contenance, et que dans la figure 38 elle n'est que sur la position de la ligne FG.

Fig. 48. la perpendiculaire op, comme on vient de le faire au numéro précédent, on peut prendre à volonté un point l sur B C opposé à la base de l'arpentage, et mesurer la surface du quadrilatère A B $l\,p$ comme on l'a fait aux n°ˢ 49 et 50.

Si cette surface est trop petite, par exemple de 10 ares, on prendra une longueur $l\,m$, telle que le triangle $l\,p\,m$ soit de cette contenance.

Pour cela, de la surface A B C D on retranche celles des triangles A B p, C D p, pour avoir l'*aire* B C p; puis on divise, comme à l'ordinaire, le double de cette surface par B C, qu'on peut calculer de la manière indiquée au n° 49, si on ne l'a pas mesurée; le quotient donnera op perpendiculaire à ce côté B C (note du n° 19), et en divisant 2000, double du triangle $l\,m\,p$, par cette perpendiculaire, on aura $l\,m$.

53. La même question peut encore se résoudre en ne faisant usage que des seules données qui ont servi à faire l'arpentage du quadrilatère A B C D,
Fig. 44. sur la base A D.

Si l'on veut trouver B m, en représentant s — A v B par s', et C z — B v, par a, on prend une quantité

$$x = (2\,s' - \mathrm{B}\,v \times p\,v) \text{ divisé par B } v \times v\,z - a \times p\,v \,(^{*}).$$

et l'on a B $m = x \times$ B C

(*) Le signe — est dans la supposition que la perpendiculaire du bout où l'on prend la contenance est plus grande que celle de l'autre bout; dans le cas contraire les deux termes du diviseur sont additifs.

Si, c'est C m que l'on veut, parce que le mesurage serait plus facile, on mettra C D z à la place de A v B, et C $z \times p\, z$ pour B $v \times p\, v$.

C'est-à-dire que dans ce cas

$s' = s -$ C D z, et qu'on a

$x = (2\, s' -$ C $z\,.\, p\, z)$ divisé par

C $z\,.\, v\, z - a\,.\, p\, z$

(Voir la démonstration au n° 123).

Les mesures trouvées sur le terrain étant toujours telles qu'on les voit écrites au canevas, le calcul se fait de la manière suivante pour avoir B m.

$s' = 26313 - 1875 = 24438$; $2\, s'$ est donc de 48876, »

$p\, v = 190,1$ par hypothèse;

donc B $v \times p\, v$ (à ôter) $=$ 23762, 5

Dividende $= 25113$, 5

B $v \times v\, z = 37500$

$+\ a \times p\, v = 14257$, 5 (j'ajoute parce que B v est plus petit que C z.)

Diviseur $= 51757$, 5

En faisant la division on trouve 0.489 pour la valeur de x; donc B $m = 0,489 \times 309,2 = 151^{\mathrm{m}},2(^\star)$.

(*) Si l'on cherchait **C** m, la seconde équation ferait connaitre $x = 0,515$, et en multipliant par B C on aurait **C** $m = 159,2$.

On remarquera sans doute par ce calcul que **C** $m +$ **B** $m = 310,4$, tandis que la longueur de BC entre dans ce résultat pour 309,2. La différence doit venir de ce que l'on a négligé des décimales dans l'opération qui donne BC (note du n° 49),.

Fig. 49.   54. Un point m étant donné sur A B, déterminer sur le côté opposé C D un point l, de manière que la partie A m l D soit égale à une surface donnée s.

D'après ce qu'on a dit au n° 37, il faudrait une perpendiculaire menée de m sur C D, ou opérer comme aux n°s 51 et 52, en prenant A B pour base de l'arpentage, ou bien encore on peut faire l'opération comme il est indiqué à la note du n° 48 pour la figure 43; c'est-à-dire que dans ce dernier cas on imagine m D, et qu'après avoir mesuré ou calculé cette ligne, on divise le double de la surface s — celle du triangle A m D, par m D, et qu'on achève l'opération comme il est dit à cette même note, et comme l'indique la figure 49. Toutefois quand la largeur Dl n'est pas trop grande, on peut la faire égale au quotient qu'on vient de trouver ; on peut même, lorsque A m est aussi d'une petite largeur, prendre D p pour m D ; mais ce ne sont là que des approximations, tandis que le premier procédé est géométrique. Néanmoins ces deux moyens approchés, que l'on vient d'indiquer, peuvent être employés quand les divisions qu'il faut établir ont peu de largeur, parce qu'alors les différences sont insensibles dans la pratique, mais

---

et dans celles qui ont conduit à trouver x pour le calcul de Bm et C m; cela indique qu'il faut, quelle que soit la méthode, mettre beaucoup de précision dans les opérations du terrain comme dans celles du calcul, si l'on ne veut trouver dans les preuves que l'on fait de son travail que des différences tolérables dans la pratique.

il ne faut pas en abuser. (Voyez la note du n° 51 , relative à cet objet.)

Au surplus, voici encore une méthode exacte pour faire ces sortes de divisions, ou , ce qui revient au même , pour établir la surface qu'on veut avoir, avec les données de l'arpentage fait à l'équerre sur le côté A D.

On a mesuré A v, B v, C z et D z. (Voir la note pour les distances A p , $m\,p$.)

Pour simplifier les expressions je ferai ,

$$a = 2\,s - m\,p \times \text{A D}$$

(*) $\begin{cases} b = \text{C } z \times (\text{A D} - \text{A } p) \\ c = b - m\,p \times \text{D } z \end{cases}$

et $x = a$ divisé par c.

Ces calculs étant faits on a ,

D $l = x$ multiplié par C D.

Enfin , si l'on avait besoin de connaître le pied f de la perpendiculaire $l\,f$, on ferait D $f = x$ multiplié par D z, et , pour avoir

---

(*) Ce diviseur est pour le cas où les deux perpendiculaires sont au dedans du quadrilatère; s'il en était autrement on changerait le signe du produit dans lequel A p ou D z entrent comme facteurs. De plus, si l'un des côtés était perpendiculaire sur AD (B v par exemple) A p disparaîtrait, et A D—A p serait égal au côté vD , v prenant alors la place de A.

Enfin, si l'on n'a pas mesuré sur le terrain les côtés rectangulaires du triangle A $m\,p$, c'est-à-dire si l'on n'a pas élevé la perpendiculaire $m\,p$, on les calculera avec ce triangle et celui A v B qui lui est semblable, en supposant qu'on a mesuré AB, et compté au point m en passant.

Si AB $= 146^{\text{m}}$, et A m 70^{m}, on trouvera $m\,p = 67^{\text{m}},1$, et A p de $19^{\text{m}},2$.

F l, on multiplierait cette même quantité x par C z.

Ces analogies sont, comme on voit, de la même forme que celles du n° 53 , et se démontrent de la même manière.

Pour faire une application ,

Supposons $s = 2$ hectares ; $2\,s$ sera

$$
\begin{array}{rl}
 & 40000 \\
m\,p \times \text{A D} = & 20801 \\ \hline
a = & 19199 \ \text{ dividende.}
\end{array}
$$

A D — A $p = 290,8$; multipliant ce nombre par C z , ou

$$
\begin{array}{rl}
120, \text{ on a } b = & 34896 \\
m\,p \times \text{D } z = & 1342 \\ \hline
c = & 33554 \ \text{ diviseur.}
\end{array}
$$

En effectuant la division on a $x = 0,572$.

Multipliant cette valeur par C D (supposé de 121,6) on trouve D $l = 69^{\mathrm{m}}, 56$. En multipliant par C z on a $l\,f = 68^{\mathrm{m}}, 64$, et, si l'on fait la multiplication par D z, on aura D $f = 11,44$.

En calculant la surface A m l D avec ces données , on trouvera qu'elle est de deux hectares moins trois centiares. Cette différence de trois centiares, qui est insensible dans la pratique pour une surface aussi grande , vient de ce qu'on a négligé des décimales dans les différentes opérations, et comme elle ne peut en rien vicier la longueur des dimensions , on peut conclure que celle D l , trouvée de 69, 56 est exacte.

Voici le cas d'une perpendiculaire en dehors.

Fig. 50. Si $s = 4$ h. 22 a. 50 c. , le dividende sera 42500

(l étant supposé sur C D), et conformément à la note précédente le diviseur se composera comme il suit :

(A D — Df) multiplié par B v,
$$\text{ou } 345 \times 200 = 69000$$

Il faut ajouter $lf \times$ A v, ou $100 \times 80 = \underline{\quad 8000}$

$$\text{Diviseur } c = 77000$$

Divisant donc 425 par 770, on a $x = 0,552$.

Multipliant ce nombre par B v, et ensuite par A v, respectivement de 200 et 80, on obtient mp de 100 m., 4, et A $p = 44, 16$.

Enfin, A B étant 215 ^{m}, 4, on a A$m = 118^{m}$, 9.

Fig. 51.   Quand les deux perpendiculaires sont en dehors, si le point m est fixé sur A B, et qu'il faille prendre une surface s de 3 hectares contiguë au côté A D sur lequel l'arpentage a aussi été fait à l'équerre, on trouvera que le dividende $a = 30000$.

Et le diviseur se formera de
$$b = (\text{A D} + \text{A } p) \times \text{C } z, \text{ ou } 340 \times 250 = 85000$$
$$+ \text{ D } z \times m\,p, \text{ ou } 100 \times 50 = \underline{\quad 5000}$$

$$\text{Diviseur } c = 90000$$

En faisant abstraction des zéros (4e remarque du n° 1er), on divise 3 par 9 ; le quotient est 1/3. Ainsi

$$lf = 83\,\tfrac{1}{3} ; \text{D}f\, 16\,\tfrac{2}{3}. \text{ et D } l \text{ est de } 85.$$

J'ai pensé qu'il pouvait être utile de donner un exemple de chacun de ces cas, en faisant varier le point donné, ou placé à volonté, pour que l'on ne se méprenne pas sur l'opération indiquée dans la note de la page (64). (Voir le n° 59 pour le cas

où l'on veut que $l\,m$ soit parallèle au côté A D).
Du reste ces calculs, et ceux du numéro précédent,
sont faciles dans l'exécution, et il suffit d'en connaître la marche de mémoire pour les faire
promptement.

ig. 52.   **55. Prendre une surface** s **limitant au côté C D,
de manière que la ligne de division** $l\,m$ **soit perpendiculaire au côté A D.**

Soustrayez la surface du triangle rectangle
C z D (*) de celle à déterminer, et en représentant
par s' la superficie C $z\,l\,m$, on opèrera sur le trapèze C $z\,v$ B, par l'un des moyens indiqués (A).
n° 47, pour fixer les points l et m.

Avec les annotations de la figure on a $zk = Cz \times vz$
divisé par a, ou 60 × 150 divisé par 40 = 225.
Multipliant ce nombre par la moitié de C z, on a
la surface C $z\,k$ de 6750, et si celle C D $l\,m$ doit
être de 76 ares, s' sera représenté par 70 ares, à
cause que C D z en vaut 6, et le triangle $k\,l\,m$ sera
de 13750. On aura donc la proportion 675 : 1371 : :
le carré de $z\,k$: au carré de $l\,k$; en faisant le calcul
on trouve que ce dernier carré égale 103125, dont
la racine $l\,k = $ 321,1 ; mais D $l = l\,k +$ Dz —
$z\,k$, c'est-à-dire 321,1 $+$ 20 — 225 = 116,1.

La question est résolue, car ayant le point l il
ne s'agit que d'élever la perpendiculaire $l\,m$; et si
l'on veut éviter cette perpendiculaire et avoir encore plus de précision dans la détermination de
l'extrémité m, on mesurera, ou l'on calculera B C,

(*) Ou la portion comprise entre C z et la ligne sinueuse
C D.

et les triangles semblables o B C, $m\,r$ C , donneront C m en divisant le produit des facteurs $l\,z$, B C , par $v\,z$.

Enfin, si la perpendiculaire C z était hors du quadrilatère on retrancherait le segment D z, au lieu de l'ajouter, pour avoir D l; cela n'a pas besoin d'explication.

56. *Remarque.* — Pour résoudre la question qui vient de nous occuper on mesure ordinairement les angles A et D, ou B et C ; mais on voit que les perpendiculaires D v, C z remplacent ces angles. Toutefois, si l'on connaît les angles B et C, on mesurera B C et l'on calculera C z, B z (25), ainsi que la surface des triangles rectangles C z B, C z k ; l'opération se fera ensuite comme dans l'exemple précédent, c'est-à-dire qu'en faisant $k\,l\,m$, ou C z $k + s$ — C z B $= s'$, on aura

$l\,k =$ la racine du carré de $z\,k$ $\times$ s' divisé par la surface C z k.

Si les angles observés sont A et D on mesurera A D ; on calculera de la même manière les triangles A v D, A D k, et l'on fera

$s' =$ la somme des surfaces s et A D k moins celle du quadrilatère A B C D ; puis on aura

$l\,k =$ la racine du carré de $v\,k$ $\times$ s' divisé par la surface D v k.

Connaissant $l\,k$ on aura A $l =$ A k — $l\,k$.

Enfin, si l'on veut fixer m sur C D, les triangles semblables D v k, $m\,l\,k$ donneront

$m\,k =$ D $k \times l\,k$ divisé par $v\,k$; et D k sera connu par le triangle rectangle D v k; on aura donc D $m =$ D k — $m\,k$.

Fig. 53.

Quand les angles sont observés en C et en B on a

$$m\,k = C\,k \times l\,k \text{ divisé par } z\,k.$$

Soit, par exemple, les angles en B et en C, respectivement de 77° et 115° 24', celui en k sera de 12° 24'; alors en résolvant le triangle rectangle B z C, avec B C supposé de 107 ^{m}, 15, on trouve , par la règle du n° 25, $c\,z = 104$, 4 et B z de 24, 1.

Calculant de la même manière le triangle rectangle C z k avec le côté C z, on aura $z\,k = 474$, 76 et C z de 486, 1; ce qui donnera la surface C z k de 2 h. 47 a. 82 c., et comme on obtient celle du triangle B z C de 12 a. 58 c., la différence de ces deux surfaces sera la superficie du triangle C B k, et si à ce reste on ajoute s, que je suppose être de 1 hectare, la somme sera l'aire du triangle $l\,m\,k$. Cette somme étant de 3 h. 35 a. 24 c. on applique la règle du n° 20, et l'on a

24782 : 33524 :: le carré de 474, 76 : au carré de $l\,k$; on a une proportion semblable pour le carré de $m\,k$,

opération par les logarithmes ,

log. 33524 $= 4.52536$

— log. 24782 $= 4.39414$

0.13122 . . . . 0.13122

2 log. 474,76 $= 5.35294$ doub. log.

486,1 $= 5.37347$

5,48416   5.50469

La moitié $= 2.74208$ $\frac{1}{2} = 2.75234$

Ces logarithmes répondent, dans la Table, le premier, à 552, 2; c'est le côté $l\,k$; et le second, à 565,3; c'est la distance $m\,k$.

Cela étant fait, si de 565, 3 on ôte 486, 1, il restera 79, 2 pour la longueur C m (*).

De même, si de 552,2 on retranche 474,76 moins 24, 1, le reste 101, 54 sera la distance B l.

57. Partager le quadrilatère A B C D par une ligne $l\,m$ parallèle à l'un des côtés A B ou C D.

Pour résoudre cette question on opère d'une manière analogue à celle du n° 55.

S'il faut prendre la même surface de 76 ares parallèlement au côté A B avec les mêmes données de l'arpentage, sans avoir recours à la mesure des angles, on fera

$v\,k = $ B $v \times v\,z$ divisé par B v — C z; ce calcul fait on connaîtra A k, et par conséquent la surface du triangle A B k.

En faisant cette surface moins celle s égale s', on aura, d'après le principe du n° 20,

$l\,k = s' \times$ le carré de A k divisé par la surface A B k.

En mettant les nombres, $v\,k = 100 \times \frac{150}{40} = 375$, et A $k = 415$; par conséquent la surface du triangle A B $k = 415 \times 50 = 20750$, et $s' = 20750 - 7600 = 13150$; ce qui donne

---

(*) Toutefois cette distance C m n'est point indispensable, mais il vaut mieux la calculer que de fixer le point m par la perpendiculaire $l\,m$.

Le carré de $l\,k$ = 13150 × le carré de 415, divisé par 20750.

En opérant par logarithmes on a

$$\log. \ 13150 = 4.11893$$
$$\text{Double log.} \quad 415 = 5.23610$$
$$\text{Comp. log.} \ 20750 = 5.68298$$
$$\overline{5.03801}$$

La moitié = 2.51900 ; c'est le logarithme de $l\,k$, répondant, dans la Table, à 330ᵐ,3 ; retranchant ce nombre de 415 on a, A l de 84ᵐ,7.

Pour fixer m on peut faire B k égale à la racine de la somme des carrés B v et $v\,z$; on cherche par le calcul le côté B C, si on ne l'a pas mesuré, avec les distances $v\,z$ et B v — C z ; c'est-à-dire en prenant la racine de la somme de ces deux quantités, et l'on opère ensuite pour m comme on vient de le faire pour l, ou bien on détermine ce point m comme au nᵒ 48, avec la contenance de 70 ares, ou avec celle de 56 si l'on fait abstraction du triangle A B v.

Il y a encore d'autres moyens de fixer le point m ; mais ceux-ci suffisent.

Enfin si la ligne de division devait être parallèle au côté A D, sur lequel l'arpentage a été fait, l'opération ne serait pas la même ; c'est l'objet du nᵒ 59 ci-après.

58. *Remarque.* — Dans la question précédente on connaît les perpendiculaires abaissées des angles B et C sur le côté opposé ; mais si ces perpendiculaires n'étaient pas connues, et qu'il fallût prendre une surface s dans l'espace indéfini

A B C D, limitée par une ligne $g\,h$ parallè...
côté B C, on pourrait s'y prendre comme il...

On élève o B perpendiculaire à B C, et on do...
par exemple, 10 mètres à cette perpendicul...
puis on en mène une autre $o\,e$ à celle-ci; on...
sure $o\,e$, et l'on en fait autant au point C...
avoir $o'f$. (Il est rare qu'il soit impossible de...
ces petites opérations).

Avec ces données on peut obtenir des form...
analogues à celles du n°. 47, sans être oblig...
supposer les côtés prolongés jusqu'à leur ren...
tre, ni de calculer une surface auxiliaire, con...
je l'ai fait dans mon traité sur l'arpentage.

(F) {
Soit $g\,h$ la ligne qu'il faut établir; le tra...
B C $h\,g$ sera représenté par s; alors...
sant B C $\times\ o$ B divisé par $oe + o'f = $...
$2\,s \times o$ B divisé aussi par $o\,e + o'f = $...
l'on ajoute b au carré de a, et q...
prenne la racine de la somme, on aur...
hauteur O B égale à cette racine dimin...
de a.

(G) {
Toutefois, cette analogie est pour le cas...
le côté connu B C est plus petit qu...
côté inconnu $g\,h$, et si c'était celui-ci...
fût donné, on mettrait la valeur de g...
la place de celle B C dans l'express...
qui donne a, et l'on changerait le si...
des termes, c'est-à-dire que dans ce cas...
retranche la racine du nombre a.

O B étant connu on pourrait fixer les points g...
en élevant la perpendiculaire O h à celle O B...

cela était possible, mais il sera plus exact, ainsi comme je l'ai dit (55), de mesurer $e\,B$, $C\,f$, et de faire $C\,g = O\,B \times e\,B$ divisé par $o\,B$, et pour avoir $C\,h$, on mettra $C\,f$ à la place de $e\,B$. Cela résulte toujours des triangles semblables.

Soit $o\,e = 4$, $o'f = 2$; B C de 60 et $s = 56$ ares 40 centiares, on aura (F)

$$a = \frac{60 \times 10}{6} = 100. \text{ Son carré est } 10000$$

$$b = \frac{11340 \times 10}{6} = 18900$$

$$\overline{ 28900.}$$

La racine de cette somme $= 170.$

$$- a \dots 100.$$

$$O\,B = \overline{ 70.}$$

Au lieu de mesurer cette perpendiculaire on calcule $B\,g$, après avoir déterminé $e\,B$, qu'on doit trouver de 10,77, en faisant

$B\,g = 70 \times 10,77$ divisé par $10 = 75,39.$

Si l'on avait besoin de connaître $g\,h$, on ferait d'abord $B\,C + g\,h = 2\,s$ divisé par $O\,B$, ou $60 + g\,h = 11340$ divisé par $70 = 162$, et par conséquent $g\,h = 102.$

Si $g\,h$ était le côté connu, b. ne changerait pas, mais a serait, dans cet exemple, de 170, et l'on aurait (G)

$$\text{carré de } a = 28900$$

$$- b = 18900$$

$$\overline{ 10000.} \text{ La racine est } 100, \text{ et}$$

$O\,B = 170 - 100 = 70.$

Si la figure était disposée de manière que la surface s, que je suppose devoir être limitée par la ligne g *h*, ne pût former un trapèze, on pourrait d'abord imaginer que *i k* satisfait à la question, et calculer O B comme ci-dessus ; alors on mesure cette ligne, et on lui élève une perpendiculaire qu'on prolonge en *i* et en *k* jusqu'à l'alignement A B et C D.

La position de cette ligne *i k* donnerait évidemment la surface demandée si elle se trouvait entièrement dans le terrain, mais comme les triangles A *i v*, D *z k*, ne font point partie de cette figure, il faut trouver un trapèze *v g h z* égal à la somme de ces deux triangles.

Pour cela on peut former un nouveau trapèze *i′ v z k′* et le traiter comme celui de la figure 55, avec *v z*, qu'on connaîtra, et une surface $s' = s - $ A B C D *z v*.

Enfin, on pourrait se dispenser de mesurer *o e*, *o′ f*, car en prenant les angles en B, C, si l'on Fig. 53. représente la tangente O B *g* par *m*, celle D C *k* par *p*, le quotient de B C divisé par la somme de ces tangentes par *q*, et 2 *s* divisé par la même somme, par *r*, on aura

O B $+ q = $ la racine de la somme des carrés de *q* et *r* ; d'où résulte

O B $=$ cette racine moins *q* (*) (H) — (Voir la

(*) Si les angles en B et en C étaient aigus, on aurait BC plus grand que *b* ; dans ce cas, on changerait le signe de *q* et de *r*. Si l'un des angles était droit on mettrait *m* ou *p* à la place de (*m + p*) ; mais si ces angles sont supplémens l'un de l'autre on aura BC $= b$, et alors O B sera représenté par *s* divisé par BC. Remarquez encore que si la somme de ces

démonstration au n° 124). — Je vais donner une application de cette opération.

Soit O B g de 16° 42′ et D C $k =$ 11° 19′ ; si le côté B C est de 25o m. , on aura

tang. $m =$ 0.30001 (*)
tang. $p =$ 0.20012

tang.$(m+p) =$ 0.50013.

      c. de son l. $= 0.30092$
      log. B C $= 2.39794$

      log $q = 2.69886$ 499,9

     Le double $= 5.39772$ 249850.

s étant de 3 h. 80 ar. 00 c. on a
    log. 2 $s = 4.88081$
— log. tang. $(m+p)$ 9.69908

     log. $r = 5.18173$ 151960.

    carré de $q + r = 401810.$

Prenant la racine de ce nombre, soit par loga-rithme, ou de toute autre manière, on trouve 633,9. d'où ôtant 499,9, il reste 134 m. , pour la valeur de O B.

(Voir la fin du n° 44 pour fixer le point h avec cette perpendiculaire.)

---

angles est moindre ou plus grande que deux droits, on aura $b =$ BC moins ou plus $(m + p)$.

(*) Comme dans les nouvelles tables de logarithmes, les tangentes naturelles ne s'y trouvent point, il faut, pour les obtenir, si l'on n'a pas celles dont nous avons déjà parlé au n° 27, chercher à quel nombre correspond le logarithme tangente du nombre de degrés et minutes.

59. Voici la question annoncée au n° 57.

Fig. 57. « Diviser le quadrilatère A B C D en parties
« égales, par des lignes parallèles au côté A D qui
« a servi de base à l'arpentage fait à l'équerre. »

Faites $x = (Bv.Cz.AD)$ divisé par $(Av.Cz + Bv.Dz)$.
Avec les mesures cotées dans la figure, on trouve
la surface A B C D de 3 h. 72 ares, et si la division
doit être faite en trois parties égales, s sera de
1 h. 24 ares.

On fera encore $S = AD.\dfrac{x}{2}$ et l'on en sous-
traira la surface A B C D, le reste étant représenté
par s', et faisant $s' + s = f$, on aura, par le principe du n° 20, $p k = x -$ la racine du carré x,
multiplié par f, divisé par S.

L'opération est terminée, car on trouve A p,
D q, par les triangles rectangles A v B, A $p k$,
etc. ; c'est-à-dire qu'on aura A $p = $ A $v. p k$ divisé
par B v, et D $q = $ D $z. l q$ divisé par C z; mais
il vaudra mieux prendre A $k = $ A B. $p k$ divisé
par B v, et D $l = $ CD. $l q$ divisé par C z.

Toutes ces expressions se déduisent naturelle-
ment de la valeur de x dont on verra la démonstration au n° 125.

En substituant les nombres aux lettres on trouve
d'abord $x = 709, 1$; puis c de 92183. Par conséquent, en faisant usage des logarithmes, on a

le double du log. $x = 5.70142$

log. $f = 4.82855$

comp. log. S $= \underline{5.03535}$

5.56532

La moitié $= 2.78266$

Ce dernier logarithme répond à 606, 3; donc

$$p\,k = 709,1 - 606,3 = 102,8,\text{ et par suite}$$

$$A\,p = 40\ \times\ \frac{102,8}{200} = 20,6,$$

$$D\,q = 20\ \times\ \frac{102.8}{120} = 17.\ \text{»}$$

On opèrerait de même pour l'autre division qu'il faut établir entre $l\,k$ et A D ; toutefois x et S ne changent pas , et il suffit de mettre 2 s à la place de s dans la valeur de f. Au surplus , si l'on veut opérer comme au n° 57 , on a , en supposant les côtés prolongés en e,

Fig. 58. A $e =$ au résultat de la multiplication des trois quantités C z, A B, A D, aussi divisé par la somme des mêmes produits A v. C z, B v. D z, et pour avoir e D on met au dividende , C D à la place de A D, et l'on change C z en B v.

60. *Remarque.* Les solutions données depuis le n° 57 pour la division par des lignes parallèles, reposent sur des principes exacts , et on a déjà vu aux n°ˢ 44 et 53 , comment on s'y prend quand on peut se contenter d'une approximation.

Voici encore un autre moyen , qui , sans être géométrique , donne souvent un résultat suffisant.

Fig. 59. Elevez à B C une perpendiculaire v B , sur laquelle vous prendrez une distance o B à peu près égale à la surface s divisée par B C (*) et menez par le point o la parallèle ef au côté B C , c'est-à-dire

---

(*) Cette division se fait de mémoire , en omettant la fraction. On doit même prendre le quotient faible quand ef doit être plus grand que BC, comme dans cet exemple.

une perpendiculaire à la première ; mesurez ef, et calculez la surface s' du trapèze B C f e.

Enfin, faites v B $= o$ B $\times$ s divisé par s' ; le quotient sera la hauteur du trapèze qui approchera d'autant plus de la surface qu'il faut établir que s' sera moins éloigné de s (*).

Supposons encore B C de 250 m., et s de 3 h. 80 ares, le quotient de cette surface divisé par BC est d'environ 150 ; je prends 140 seulement pour approcher davantage de la largeur moyenne ; j'élève la perpendiculaire of à la fin de la mesure 140 : si je trouve 320 pour la longueur de la ligne ef la surface du trapèze o B C f sera de 3 h. 99 ares : c'est s'.

Cela étant fait on a B $v = \dfrac{380}{399} \times 140 = 133\frac{1}{3}$; (cette hauteur a été trouvée, au n° 58, de 134 m., par la méthode exacte). Cette ligne étant trouvée, on a suffisamment dit jusqu'ici comment elle servait à déterminer les points h et g. (Voir le n° 69.)

61. Lorsqu'un point de division est donné, ou qu'il faut faire le partage par des lignes perpendiculaires ou parallèles, les opérations sont nécessai-

---

(*) Si l'on ne pouvait entrer dans cette figure, on mesurerait les angles B et C, et l'on aurait $ef =$ BC $+ e$ B. cos. B $+$ C f. cos. C.

Cette ligne une fois connue, on déterminera v B comme ci-dessus, et ensuite on fera B$g = v$B divisé par sinus B, et C$h = v$ B divisé par sinus C. Toutefois, pour avoir eB et Cf, on fixe d'abord le point e à volonté sur **AB**, et l'on calcule le côté $e n$ du triangle rectangle $e n$ B ; puis on imagine le triangle rectangle Cpf dans lequel on connaît $pf = e n$, ainsi que les angles ; par conséquent on trouvera Cf (25).

rement subordonnées à ces conditions, et il arrive souvent que la largeur de la dernière pièce n'est pas, à beaucoup près, proportionnelle à la largeur des autres divisions, ainsi qu'on le voit, par exemple, dans les figures 39 et 57.

La méthode que l'on suit, quand on est libre de ses opérations, consiste à donner à la largeur de chaque pièce le moins de disproportion possible, en faisant des *essais* jusqu'à ce que l'on obtienne les contenances qu'il faut déterminer avec ces proportions approchées; mais ce ne sont encore que des tâtonnemens. Voici un procédé géométrique qui résout directement la question quand la figure à partager n'a que quatre côtés.

Si l'on demande qu'un quadrilatère quelconque A B C D soit divisé par une ligne $l\,m$, de manière que l'on ait la proportion

Fig. 60 et 61.

$$A D : A l :: B C : C m, \text{ fig. 60.}$$
$$\text{ou} :: B C : B m, \text{ fig. 61,}$$

et que la partie A B m l soit égale à une surface donnée s, on fera l'arpentage à l'équerre, et si l'on opère sur la diagonale A C, en représentant les perpendiculaires D E, B F, respectivement par a et b, on posera

A $n = a \times$ A C divisé par $a + b$ (36); puis on prendra une quantité auxiliaire

$x = (2\,s - b \times$ A C) divisé par la différence des produits a . A n, b . C n (Voir la démonstration au n° 126)

$$\text{et l'on aura A } l = x . \text{ A D.}$$
$$C m = x : \text{B C.}$$

On aurait de même, si on en avait besoin,

   NOUVEAU TRAITÉ

lg, Ag, mh, Ch, en multipliant successivement la valeur de x par a, A E, b et C F.

Soit $s = 1$ hectare 56 ares; avec les données écrites dans la figure, on trouvera, en mettant les nombres, et faisant les opérations indiquées dans les équations ci-dessus,

$$A\,n = 133\,\tfrac{1}{3}$$

$$x = \frac{31200 - 28800}{7200} = \frac{24}{72} = \tfrac{1}{3}$$

ainsi, en prenant le $\tfrac{1}{3}$ de A D et de B C, on aura A $l = 51{,}2$ et C m de 41.2.

Fig. 61. **62.** Lorsque l'arpentage est fait sur le côté A B le calcul n'est pas aussi simple, ainsi qu'on va le voir; néanmoins il n'offre pas de difficultés quand on connaît bien les différentes opérations qu'il faut faire.

Voici la marche qu'on peut suivre :

On fait d'abord le produit $(a + b) \times$ A B, ou $100 \times 195 = \ldots\ldots\ldots\ldots\ldots 19500 = 2\,m$.

On calcule ensuite la surface de la figure à partager; elle est ici de 7950, et l'on double cette

contenance   15900

puis on prend la différence

avec **2 m**, c'est $\overline{\qquad 3600 = p\ (\star)}$

on divisera m par p; ce qui

donnera $\dfrac{975}{360} = 2{,}70833$

(*) *Si* l'on ne veut pas calculer la surface **ABCD**, on fera $p = b$. **AE** $+ a$. **BF**, et si l'une des perpendiculaires tombait en dehors, on soustrairait le second terme au lieu de l'ajouter (voir la fin du n° **127**).

On fait le carré de ce dernier nombre, et l'on en retranche $2\,s$ divisé par p; ainsi, si s doit être la moitié du quadrilatère A B C D,

$$\frac{2\,s}{p} \text{ sera } \frac{795}{360} = 2,20833, \text{ et}$$

comme on trouvera que le carré de $\dfrac{m}{p}$, ou

$2,70833 = 7,33505$, cette quantité moins

$$\frac{2s}{p} \text{ sera } 5,12672$$

on en prend la racine $= \dots\dots 2,26420$

et on la retranche de $\dfrac{m}{p}, \dots\dots 2,70833$

$$\text{Le reste } 0,44413 \; (*)$$

est une quantité auxiliaire z qui va servir à déterminer les élémens de la portion A B m l. (Voir la démonstration au n° 127.)

En effet, en multipliant z par A D on aura A l, et si l'on fait la multiplication par B C, on obtiendra B m.

Il en serait de même pour les perpendiculaires $l\,g$, $m\,h$, et pour A g, B h.

On aura donc, dans cet exemple,

(*) $z =$ un côté de l'un des triangles A $l\,g$, B $m\,h$, divisé respectivement par le côté homologue des triangles ADE, BCF.

4.

$$\text{0,44413, ou seule-} \atop \text{ment 0,444} \times \left\{ \begin{array}{l} 50 = \mathrm{A}\,l = 22,2 \\ 75 = \mathrm{B}\,m = 33,3 \\ 40 = l\,g = 17,8 \\ 60 = m\,h = 26,65 \\ 30 = \mathrm{A}\,g = 13,32 \\ 45 = \mathrm{B}\,h = 19,98 \end{array} \right.$$

L'opération est la même quand les deux perpendiculaires sont entièrement en dehors, ou l'une en dedans et l'autre en dehors, excepté qu'on ajoute la quantité $\dfrac{2\,s}{p}$ au carré de $\dfrac{m}{p}$ au lieu de la soustraire, et que z égale la racine moins $\dfrac{m.}{p}$

Un exemple va fixer sur cette opération arithmétique.

63. S'il faut prendre un hectare joignant au Fig. 62. côté A B, comme d'après les cotes, la surface totale est de 3 hectares 40 ares, on posera   68000

$$2\,m = 200 \times 320 = \ldots \quad 64000$$

$$p = 4000.\ (^\star)$$

$\dfrac{m}{p} = \dfrac{32}{4} = 8$; son carré est 64 , et $\dfrac{2\,s}{p} = 5$; ajoutant ce nombre à 64 , on a 69 , dont la racine $= 8,3066$, et si l'on en ôte $\dfrac{m}{p}$, il restera 0,3066 pour la valeur de z.

Enfin , en multipliant ce chiffre successivement

(*) Ou, note du n° précédent, $p = 60 \times 120 - 40 \times 80 = 7200 - 3200 = 4000$.

par a, b, A E, B F, on trouve 24,53 ; 34,79 :
18,4 et 12,26 pour $m\,h$, $l\,g$, A h et B g.

Ces nombres satisfont à la question, car ils sont
entre eux comme les perpendiculaires D E, C F ;
c'est-à-dire comme 2 : 3 ; de plus, la figure A B $l\,m$
contient exactement la surface qu'il fallait déterminer, et il en est de même dans l'exemple précédent.

Je ne ferai point d'application pour le cas où
les deux perpendiculaires sont en dehors, parce
que le calcul est absolument semblable à celui-ci ;
mais je répéterai qu'on fera bien de se familiari-
ser avec ces calculs pour être à même d'opérer
sans hésitation, quand on aura des partages à
faire de cette manière.

Fig. 63. 64. Enfin, s'il fallait fixer deux autres points
n, o, il suffirait de faire s égale à la partie
A $n\,v$ B.

Par exemple, si l'on veut partager cette figure
en quatre parties égales, on aura $s = 85$ ar. pour
la première part, 170 pour la seconde, et 255
pour la troisième. Alors, en opérant comme on l'a
fait au numéro précédent pour fixer $l\,m$, on arrive
a $\dfrac{2\,s}{p} = 4{,}25$; on y ajoute le carré de $\dfrac{m}{p}$ et l'on
prend la racine de 68,25 ; c'est-à-dire que dans
cette hypothèse $z = 0{,}261$.

On trouve de même 0,5147 pour la seconde part,
et 0,7607 pour la troisième.

Multipliant chacun de ces nombres par 100 et
126, longueur respective de A D, B C, on obtient
successivement A m, A n, A p, de 26,1 ; 51,47 ;
76,07 ; et B l, o B, B g de 32,89 ; 64,85 et 95,84.

Nota. Dans ces exemples, si au lieu d'avoir mesuré les perpendiculaires on avait observé les angles en A et en B, on calculerait ces perpendiculaires, ainsi que les segmens A E, B F, par la première règle du n° 25 (dont l'application a été faite aux n°s 28 et 57), avec les côtés A D, B C. Au surplus, je vais donner plus de détail au partage des figures dans lesquelles on ne peut entrer.

Fig. 64. 65. Partager le quadrilatère A B C D, inaccessible dans son intérieur.

On mesurera les angles en B et en C, ainsi que les côtés A B, B C, C D; alors on aura tout ce qu'il faut pour calculer les perpendiculaires A E, D F, et par suite la surface de ce quadrilatère.

Si les mesures ont été trouvées telles qu'elles sont cotées dans la figure, on pourra, conformément à la note du n° 28, disposer le tableau de l'opération comme il suit:

TRIANGLES.	DONNÉES.	LOGARITHMES.	NOMBRES correspondans.
A B E	110^m. » $77°\ 30'$ (*)	AE...2.03040. 9.98901 2.04139 9.35757	$107^m,15$
		BE...1.39896	23, 06
C D F	$180.^m$ » $64°\ 36'$	CF...1.88766 9.63239 2.25527 9.95585	77, 20
		DF...2.21112	162, 60

(*) 77° 30′ est le supplément de l'angle ABC dont le sinus est égal à celui de 102° 30′ (28).

Ces calculs étant terminés, on est dans le même cas qu'au n° 49 et suivans.

Fig. 65. 66. Supposons maintenant que dans le quadrilatère A B C D, on a mesuré l'angle C de 77° 27′, celui en D de 117°, avec les côtés A B, C D, A D respectivement de 720^m, 493 et 284, et qu'on veuille établir trois parcelles dans cette figure. On commencera par calculer la surface totale du polygone, et l'on y parviendra en imaginant les côtés A B, C D prolongés jusqu'à leur rencontre en r, ou en faisant la construction que l'on voit en dehors de la ligne C D.

Dans l'un comme dans l'autre cas, on calcule le triangle rectangle A a D (25), et l'on trouve A a = 61,7 et a D de 277,2.

Ensuite, si l'on suppose les côtés A B, C D, prolongés, la somme du supplément des angles A et D sera 165° 33′ ; par conséquent l'angle en r vaudra 14° 27′.

Calculant le triangle rectangle D a r, on aura D r = 1110, et a r = 1074,8 ; A r est donc de 1013,2.

Pour avoir la perpendiculaire C c, on peut faire

$$C c = \frac{a \, D . C \, r}{D \, r},$$ ou opérer comme au n° 28 : en faisant le calcul on trouvera 400,4 ; puis on obtiendra la surface du triangle B C r de 34 h. 69 a. 87 c., et celle A D r de 14 h. 4 ar. 30 c. ; ainsi la surperficie du quadrilatère A B C D = 20 h. 65 ar. 57 c. (⋆).

(⋆) Par le second procédé, qui ne diffère du premier que

Cette surface étant connue, si celle $ADlm$, qu'on veut prendre attenant au côté A D, doit être 5 h 36 ar., la seconde $lnom$ de 5 h. 11 ar., après avoir fixé les points l et n sur le côté C D, on opèrera précisément comme au n° 51.

Si l D $= 120$, et n D 250, on trouvera A $m =$ 250 et A o de 430. Il est évident qu'on trouverait aussi m, o, par le principe du n° 18 ; en faisant $m\,r = ($C r.B r. $lm\,r)$ divisé par $(l\,r$. B C $r)$, ou bien au double de la surface $m\,r$ divisé par $l\,r \times$ sin. r (n° suivant).

67. *Remarques.* — 1° On sait (18) qu'on a le double de la surface C D $r =$ C r. D r divisé par sin r, et le double de la surface $l\,m\,r = l\,r$. $m\,r$ aussi divisé par sin r; ce qui donne un moyen assez prompt de calculer la surface des parcelles CD lm, A lm B, quand les largeurs sont fixées sur les côtés A D, B C.

Par exemple, si A B $= 375,4$ et les angles en A et en B de 58°53' et 68°2', on trouvera (25) A $r =$ 435,5 et B $r = 402$.

Puis 2. A B $r =$ B r. A r. sin r; on a de même
$$2\,.\,\text{C D}\,r = \text{C}\,r.\ \text{D}\,r.\ \sin r$$

---

par la forme, on retranche l'angle AD a de celui CDA, pour avoir CD a, dont le supplément CD $k = $ 75° 33' (la perpendiculaire aD étant supposée prolongée vers k), et en imaginant la perpendiculaire C k on résoudra le triangle rectangle CD k, puisqu'on a mesuré l'hypoténuse CD. En faisant le calcul on trouvera D $k = $ 123,2, et C k de 490 ; c'est la distance $a\,c$; et si à 123,2 on ajoute 277,2 on aura C $c = $ 400,4 comme ci-dessus.

2. $l\,m\,r = l\,r.\,m\,r.\,\sin r$ (*).

En faisant l'opération on pose

log. B $r = 2.60420$

log. A $r = 2.63894$

log. sin $r = 9.90282$

log. 2.AB$r = 5.14596$; ce logarithme répond à 139945; donc la surface. AB$r = 6$ h. 99 ar. 72 cent.

On en fait autant pour chacun des autres triangles C D r, $l\,m\,r$, et si l'on soustrait la surface C D r de celle A B r, on aura la superficie du quadrilatère A B C D.

Si la soustraction se fait sur le triangle $l\,m\,r$ le reste sera la surface de la parcelle C D $l\,m$.

La table de *Callet* donnera directement les surfaces avec les centiares lorsqu'elles n'excèderont pas 10 h. 80 ar.; ce nombre dépassé, il faut avoir recours aux différences que donnent les tables.

2° Si nous opérions avec les nombres naturels, nous chercherions d'abord le sinus r dans la table (note du calcul de l'exemple du n° 58); nous en prendrions la moitié et nous ferions l'opération suivante:

1° $402 + 485,5 \times 0,4$ (**) $= 7$ h. 00 ar. 84 c. $=$ A B r

---

(') On voit bien par ces équations qu'en divisant la surface par le produit des côtés, on aura la moitié du sinus de l'angle compris entre ces côtés; ainsi on peut avoir ce sinus sans le secours des tables de logarithmes.

(**) 0, 4 est la moitié du sin r, qui est plus exactement 0, 39975.

2º $132 \times 154 \times 0,4 =$ $81^a, 32^c = $ D C r

3º $282 \times 305 \times 0,4 = 3 h$ $44, 60 = l m r$

Fig. 67.   68. Si, au lieu des angles, on connaissait les perpendiculaires a et b, et les segmens A v, B z, avec la largeur de chaque propriété sur les côtés A D, B C, on calculerait les angles A et B par l'équation (x) du nº 25 qui donne

$$\text{Sin A} = \frac{a}{\text{A D}}, \text{ et } \sin \text{B} = \frac{b}{\text{B C}};$$

alors on a l'angle r, qui sert à déterminer les surfaces comme dans le numéro précédent; mais si l'on n'avait pas de tables, on chercherait A r, B r par les dernières analogies du nº 59.

Si A B $= 160$ m., les perpendiculaires a et b respectivement de 130 et 100, les segmens A v, B z de 75 et 20, et si de plus A D $= 150$ et B C 102, les équations précitées donneront

$$\text{A } r = \frac{100 \times 160 \times 150 \times}{100 \times 75 \times 130 \times 20} = \frac{24000}{101} = 237^m, 6$$

$$\text{B } r = \frac{160 \times 130 \times 102}{101} = \frac{21216}{101} = 210^m, 8$$

Il faut encore trouver la valeur de la moitié de sin r. Pour cela, en imaginant D k parallèle au côté B C, on trouvera D k, $v k$, savoir, le premier de 138^m, 6 et le second de 26 m., et l'on aura la surface du triangle A D k de 65 ar. 65 c., et comme l'angle D de ce triangle est égal à l'angle r, il en résulte

$$1/2 \sin. r = \frac{65,65}{132,6 + 150} = 0,33, \text{ à très peu près.}$$

On pouvait supposer la parallèle au côté A D ; en opérant de même, on serait aussi arrivé à 0,33.

Fig. 68. Enfin, si l'on a mesuré les quatre côtés du quadrilatère, avec deux angles opposés A et C, ou B et D, on pourra obtenir la surface de cette figure de la même manière ; mais on n'arrivera pas plutôt au résultat que si l'on calculait les perpendiculaires ; et celles-ci ont même de l'avantage dans ce dernier cas, car, s'il faut partager ce quadrilatère par une ligne partant du point m, on se servira de la perpendiculaire b B pour trouver C l, et si c'est l qui est fixé, on prendra d D pour avoir A m (37).

Fig. 69. 69. Dans les exemples des deux derniers numéros, si les lignes A D, B C, s'éloignaient peu du parallélisme (46), les calculs seraient assez longs, même en employant les logarithmes ; mais, dans ce cas, si l'on veut encore abandonner la précision géométrique, comme on l'a fait, notamment aux n°s 53 et 60, on pourra opérer comme il suit :

D k étant parallèle à B C, n° précédent, si l'on a sensiblement A $v = v k$, on aura aussi, à très peu près, A D $=$ D k (*) ; alors on calcule la surface des trapèzes n D C m, $n m$ B k avec les mesures $n k$, n D, égales aux côtés A l, l D, comme au n° 44 ; mais il manque à chaque parcelle les petites surfaces $l n$ D, A $l n k$, qu'on trouvera, après avoir calculé celle du triangle A D k, en suivant ce qui est dit au n° précédent ; c'est-à-dire qu'on aura surface $l n$ D égale surface A D k mul-

____

(*) D'ailleurs la distance A k est toujours très petite, puisqu'on suppose AD et BC presque parallèles.

tipliée par le carré de l D , divisé par le carré de
A D (20).

Ce procédé est suffisamment exact lorsque la
somme des angles A et B ne s'éloigne pas beaucoup
de 180°; mais il ne faudrait pas en faire usage si
la différence de ces angles avec deux droits était
de plusieurs degrés.

Enfin , on peut remarquer que si la somme des
angles était plus grande que 180°, les lignes A D,
B C, se rencontreraient encore , mais dans un sens
opposé , et les opérations se feraient de la même
manière.

70. Toutes les solutions que l'on vient de donner pour mesurer et partager un terrain sans en
faire le plan , supposent qu'on peut entrer dans
l'intérieur de la figure à diviser , et cela n'est pas
toujours possible; dans ce dernier cas , il peut
arriver que le terrain contigu soit libre , ou que
l'on ne puisse s'éloigner des limites du polygone.

Dans la première supposition on peut faire l'ar-
Fig. 70. pentage comme l'indique la figure , et , dans le
second cas , on pourra suivre le premier procédé
du n° 65.

Supposons que cette figure est un bois qu'on
veut partager en quatre parties égales, et qu'il
soit possible de le renfermer dans les lignes A D ,
D C , C B , A B , qui peuvent former un rectangle
ou un trapèze.

Si les mesures du terrain sont telles qu'on les
voit écrites au canevas, cette construction sera un
rectangle d'une surface de 528 ares , et si l'on en
retranche 97,86 pour les emprunts , il restera

430,14 pour la superficie du bois ; ainsi chaque part vaudra 107 ares 54 centiares.

Pour faire ce partage on peut suivre la marche suivante :

Si les divisions doivent être tracées dans le sens du côté C D, on remarquera qu'en divisant une part par la longueur moyenne prise à peu près, par exemple dans la partie contiguë à C D, le quotient ne s'éloignera pas beaucoup de 60 mètres (*).

Imaginant donc cette mesure portée sur chaque rayon A D , B C, on aura le rectangle $a\,b$ C D $=$ 132 ares , et si l'on en retranche les portions qui ne font point partie de la figure , il restera 100,54 (**) , au lieu de 107,54 ; la différence 700 est le nombre de mètres carrés qu'il faut ajouter au quadrilatère $e\,d$ pour former une part.

(*) On peut juger de cette distance par les mesures du canevas ; et si la figure était rapportée, cette longueur moyenne se prendrait assez exactement sur l'échelle , en portant le compas à peu près du milieu de F D au milieu de C E, sur la limite.

(**) Voici le calcul : les parties calculées pour l'arpentage sont de.................................... 21,16

Pour le trapèze $c\,d$, on a $a\,c=39$, ce qui donne sa surface de........................ 5,85

Et quant au triangle $b\,e\,h$, on a d'abord $e\,b = 60 - 16 = 44$, et pour avoir $b\,h$ on pose $63 : 44 :: 29 : b\,h = 44 \times 29$ divisé par $63 = 20,25$ (on peut éviter cette proportion en mesurant la distance $b\,h$) ; donc la surface de ce triangle $= 20,25 \times 22 = $ 4,45

Total des emprunts........... 31,46

Pour achever l'opération on prendra $d\,h = 220$ — $(15 + 20,25) = 184,75$; puis, divisant 700 par ce nombre on a 3^m, 8 qu'on porte de h en E et de d en F ; la ligne E F sera la limite de la première part.

Pour la seconde division, je remarque aussi que la largeur moyenne est à peu près de 55 m., pris sur A D et sur B C, à partir de la ligne $l\,s$; alors la surface du rectangle $l\,k = 12100$. Il faut en retrancher les parties i F, E k, de 1940,6 (*); soustrayant ce nombre de 12100, il restera 10159,4 pour la surface o E ; la différence avec 10754 est 594,6 ; je divise encore ce dernier nombre par 198,8, longueur de $u\,o$, et je porte le quotient

---

(*) Pour arriver à ce résultat, on a d'abord $l\,n = 240$ — $(63,8 + 142) = 34,2$; ce qui donne la surface n F = $34,2 \times 15 =$ .... 513, »

$i\,n = 55 — 34,2 = 20,8$; ayant trouvé $o\,i$ de 12,1 la surface $i\,m$ sera $27,1 \times 10,4 =$ 281,8

$e\,s = 47,8$; $e\,v$ 63 ; d'où $s\,v = 15,2$; et comme en chaînant s E on trouvera 22^m, si la perpendiculaire $v\,z$ a été bien mesurée, on aura la surface v E de $51 \times 7,6 =$ 387,6

Enfin, pour avoir l'aire du trapèze $k\,z$, on a $v\,k = 55 — 15,2 = 39,8$: on mesure $u\,k$, qu'on devra trouver de 9,1, et cette surface sera $38 \times 19,2 =$ 758,2

Total........ 1940,6

NOTA. Si l'on ne voulait pas mesurer les petites traverses $o\,i$, s E, $u\,k$, on les obtiendrait par le calcul en faisant

$n\,t : n\,m :: i\,t : o\,i$

$e\,v : v\,z :: e\,s : s$ E

et $v\,y : (29 — 6) :: v\,k : x$; et $u\,k = x + 6$.

2^m, 9 de o en H et de u en G ; la ligne G H fera la limite de la seconde part (*).

On opérera de la même manière pour avoir les deux dernières divisions ; toutefois on pourrait se borner à déterminer la troisième part , parce que le reste doit fournir la quatrième ; mais il vaut mieux s'assurer si celle-ci est égale à chacune des autres , pour avoir la preuve qu'on n'a point fait erreur dans les opérations.

71. *Remarque.* — Il est facile de voir que l'opération serait analogue s'il fallait prendre une surface s du côté de C D ; il suffirait alors de mesurer sur les lignes A D , B C, assez loin pour avoir au moins la surface qu'on veut déterminer , et d'essayer un premier calcul comme on l'a fait ci-dessus pour avoir la première part. Toutefois il peut arriver que les lignes d'opérations ne puissent pas être à angles droits, soit parce qu'elles entreraient dans le bois, ou qu'elles s'éloigneraient trop des sinuosités ; telle est la figure 71. Dans ce cas on mesure l'angle B C D , et si l'on arrête l'opération à la ligne $a\,b$ pour le calcul d'épreuve , on calcule la surface du triangle rectangle $b\,d$ C (28) , et celle du rectangle a B $d\,b$, et après avoir soustrait les parties extérieures, on opère comme au numéro précédent ; c'est-à-dire que s'il manque 20 ares au

Fig. 70.

Fig. 71.

(*) Quoique cette méthode ne soit pas rigoureusement exacte, on peut cependant la suivre, parce que la différence qu'elle donne est insensible dans la pratique, lorsque, comme on l'a déjà dit, les parties E h d F, G H o u, sont assez petites pour être considérées comme des rectangles.

quadrilatère pour faire la surface s, on divisera 20 (2000 cent) par $e\,f = \mathrm{B}\,d - (b\,f + a\,e)$, et qu'on portera le quotient de e en g, et de f en h.

72. La figure étant toujours sinueuse, s'il n'est pas possible de s'éloigner des limites, on mesurera les angles et les côtés du quadrilatère A B C D(*), et le calcul fera connaître les perpendiculaires n B, m C; par conséquent on obtiendra les surfaces A a B h, C D h, et si l'on retranche leur somme de la figure à diviser, il restera la superficie B l C h.

Fig. 72.

Enfin, on aura la perpendiculaire $o\,h$ égale au double de cette dernière surface divisée par B C (37); ainsi, en faisant B $h\,f$, ou $s' = s$ moins A a B h, déjà connu, on aura B $f = 2\,s'$ divisé par $o\,h$.

On pourrait terminer ici ce qui a rapport aux opérations géométriques concernant le partage d'un terrain de même qualité (**), parce que les procédés que nous avons indiqués doivent suffire pour diviser un champ, quel que soit le nombre de ses côtés, et les conditions qui peuvent être imposées, comme on le verra par les exemples que je vais encore donner pour qu'on ne se trouve pas embarrassé quand la figure et les conditions changent en apparence la forme des opérations. Tou-

---

(*) En faisant les brisées nécessaires pour le mesurage des lignes et des petites perpendiculaires qui doivent fixer les sinuosités. Au surplus, quand la limite n'est pas trop irrégulière, on peut faire l'arpentage du polygone sans entrer dans la figure. Nous renvoyons à notre Guide pratique, n° 92, pour cet objet, parce que notre but n'est pas d'entrer dans les détails des opérations de l'arpentage.

(**) Voir le n° 79 pour la division par égalité de produits.

tefois, il est bon de prévenir que celui qui est chargé du partage ne doit pas perdre de vue que de la position du *point* qu'on fixe pour faire la division, dépend le plus ou le moins de facilité dans le travail, et de régularité dans les parts. Ainsi, si ce *point* n'est pas donné, soit sur un des côtés de la figure, dans son intérieur, ou à l'un de ses angles, on devra le choisir de manière à ce qu'il procure ces avantages le *mieux possible*.

73. *Figures irrégulières.*—Partager le polygone A B C D E en trois parties égales par des lignes menées dans le sens de la ligne A B.

Fig. 73. Pour avoir plus de facilité dans l'opération, on fera l'arpentage sur le côté A E, et l'on fixera un point m sur B C de manière que la ligne qui doit faire la première division ne donne pas une figure trop étroite à l'un de ses bouts.

Le point m étant fixé sur B C, on déterminera Al par l'un des procédés indiqués, et pour la seconde part, si la contenance du polygone à diviser est de 105 ares, la partie A B $l m$, déjà fixée, en vaudra 35, et l'on remarquera que $m\, l\, c$ C ne contiendra que 30 ares, et que parconséquent il en faudra encore 5 pour former la seconde part.

Si l'on veut faire partir la division de l'angle C, on divisera le double de 5, ou 10 ares (1000 c.) par la perpendiculaire c C, et l'on aura $o\, c =$ 25 m.; mais cette ligne $o\, c$ étant très oblique, on peut la remplacer par $o'\, h$, soit en fixant h pour déterminer o', comme il est indiqué (47), ou par la pratique du n° 48; ou bien encore en opérant d'après la remarque du n° 50, quand la portion C c o' h est très petite, comme dans cet exemple.

Cela étant fait, l'opération sera terminée; cependant il sera prudent de s'assurer si la dernière part E D h o' contient aussi 35 ares.

Enfin, il est bon d'observer qu'on aurait pu prendre cette part, puis la première; alors la seconde division (celle du milieu) se serait trouvée déterminée par la limite des deux autres parts.

Fig. 74. 74. Etablir une surface s limitant au côté E D, en faisant partir la ligne de division de l'angle C.

On commence par s'assurer sur quel côté doit être l'extrémité m de la ligne de division.

Pour cela, on mesure la surface du quadrilatère E D C F en distinguant celle du triangle C D E, si l'on pense que celui-ci peut contenir la superficie qu'il faut prendre.

Si ce triangle était plus grand que s, on ferait, comme à l'ordinaire, $E'm = 2$ s' divisé par C k; mais s'il était moins grand, ce point m se trouverait sur E F, et l'on aurait

E $m = 2$ s' divisé par C p (s'étant toujours égal à $s - $ C D E).

Enfin, si le quadrilatère C D E F était moins grand que s, s' serait la différence, le point m se trouverait sur A F, et l'on aurait encore

m F $= 2$ s' divisé par C r.

Fig. 75. 75. Partager la figure A D en trois parties égales par des lignes de division partant des points p et q situés sur le côté A B.

Dans cet exemple $s = $ le $\frac{1}{3}$ du polygone à diviser.

Mesurez la surface p B C D (*), et soustrayez-la de s, le reste sera s', et vous aurez D $m = 2\,s'$ divisé par $o\,p$.

Pour avoir le point n, mesurez *l'aire* des triangles E p m, E p q; si la somme est moindre que s on saura que n se trouvera sur E F; soustrayez la somme de la surface de ces triangles de celle donnée s, et vous aurez encore E $n = 2\,s'$ divisé par $d\,q$.

Enfin, avant de faire planter les bornes, on fera bien de s'assurer si la troisième part est de la même contenance que chacune des deux autres.

76. Le partage ne serait pas plus difficile s'il devait être fait dans un rapport donné, de 2 à 3, par exemple, à partir du point m, situé sur A B.

L'arpentage étant fait, en conservant l'annotation S pour la surface du polygone, on posera

$2 + 3 : S :: 2 : s$; d'où $s = 2$ S divisé par 5 (19 et 40).

Si S $= 180$ ares, s en vaudra 72, et l'on déterminera cette dernière contenance comme dans les exemples précédens, en cherchant le point l sur

Fig. 76.

(*) Dans ces figures irrégulières, celui qui est chargé du partage doit distribuer ses opérations de manière à ce que la hauteur des triangles puisse servir à déterminer les point de division (37), afin d'avoir plus de facilité dans les calculs; toutefois, si la figure est levée à l'équerre, on pourra opérer comme il est indiqué au n° 49 et suivans, en faisant abstraction des parties AFG, BCD, et en opérant sur le reste pour fixer les points p et q. Cela ne peut souffrir aucune difficulté.

E F , ou sur E D, selon que A F E m sera plus grand ou plus petit que s.

   77. « Diviser la figure A B G.... , en quatre « parties égales, par des lignes menées de l'an-« gle H. »

En désignant toujours une part par s, si l'on fait successivement $s' =$ la différence de s avec les triangles A I H, a H B, l H C, il est encore évident qu'en divisant $2 s'$ par chacune des perpendiculaires a H, b H, c H, on aura respectivement A k, B l et C m ; et pour preuve de l'opération, en représentant H G F D par s', on devra avoir m D $= 2 s'$ divisé par c H.

   78. « Partager la figure A B C.... en quatre « parties égales par des lignes menées d'un point « O situé dans l'intérieur du polygone. »

La méthode la plus simple est encore de partager cette figure par des lignes menées à chacun des angles , et de mesurer son périmètre, ainsi que les perpendiculaires élevées au point O de chacun des côtés.

D'après les cotes écrites au canevas, ce polygone contient 164 ares 65 centiares , et par conséquent $s = 41$ ares 16 centiares.

La surface A O E étant de 20 ar. 90 c. , s' vaudra 20, 26, et l'on aura

$$A\, l = \frac{2\,s'}{O\,g} = \frac{4052}{48} = 84^m,4.$$

A O B $= 34,80$; par conséquent s' vaut 26,62, et l'on a

$$B\,m = \frac{2\,s'}{O\,k} = \frac{5324}{102} = 52^m,2.$$

Enfin, O B C étant de 37,23, O m C vaudra 10,61 ; dans ce cas s' est de 30,55, et l'on a aussi

$$C\,n = \frac{2\,s}{O\,i} = \frac{611}{6} = 101^m,8.$$

L'opération est finie ; et si l'on a bien opéré, le quadrilatère E D n O formera la quatrième part.

Si l'on se donne la peine de faire le calcul, on verra que le partage est très exact.

Au surplus, je n'ai fait ces opérations numériques que pour qu'on s'y habitue, car c'est toujours la même marche et le même principe du n° 37.

Propriétés dans lesquelles il se trouve des nuances de différentes valeurs.

79. Les biens champêtres ne produisant pas toujours également dans toute leur étendue, on doit user avec intelligence et équité des lumières qu'on peut acquérir sur le terrain, indépendamment des données qui peuvent être fournies par les copartageans, et faire en sorte que les contenances des divisions soient en rapport avec les produits, ou, ce qui doit revenir au même, il faut que chaque part ait la même valeur *vénale.*

Fig. 79.   Si l'on veut partager la figure A B C D E, dont la portion A B Coz est du terrain à 3 fr. l'are et le reste à 5 fr., en deux parties telles que la valeur de l'une soit égale à celle de l'autre, on mesurera d'abord la surface du polygone à diviser, en distinguant celle de chaque qualité de terrain.

Soit cette surface de 137 ares, et la portion à 3 fr. l'are de 32 ares 57 centiares. Comme cette dernière qualité de terrain ne vaut que les 3/5 de la même contenance à 5 fr., les 32 ares 57 centiares, convertis en terrain de cette espèce , donneront . . . .   19^{ar} 54^{c}

Et en y ajoutant le terrain à 5, de. . . 104   43

on aura. 123   97

dont la moitié 61,98 représentera la part de chacun, c'est-à-dire que si $m\,k$ fait la ligne de séparation, la partie $m\,k$ E D sera de 61 ares 98 centiares. La question se réduit donc à déterminer cette contenance par l'un des procédés qu'on a vus précédemment.

Remarques. — 1° On pouvait convertir 104,43 en terrain à 3 ; alors on aurait eu 174,05 ; on y eût ajouté la partie A B C $o\,z$ de 32,57, et la moitié de la somme eût été la part équivalente de chacun. Cette moitié étant de 103, 31 , si l'on en retranche 32,57, le reste , 70,74, converti en terrain à 5, sera ce qu'il faut prendre dans la qualité de cette nature , c'est-à-dire qu'on en prendra les 3/5 $=$ 42 a. 44 c.

C'est en effet la contenance réelle de la portion $z\,o\,m\,k$ (*).

(*) En exprimant cette contenance par s et en représentant la surface du terrain à 5 par a, sa valeur par v, le terrain à 3 par b et sa valeur par v', on aura directement $s =$

2° Il n'y aurait pas plus de difficultés si la qualité du terrain était en plus grand nombre.

Si l'on avait, par exemple, 16 ares à 3 fr. l'are. 20 ares à 4 fr., et 18 ares à 5 fr., pour faciliter les opérations du calcul, on ramènera tout à la valeur du terrain de la portion du milieu, qui est à 4 fr. l'are.

Ainsi les 16 ares à 3 fr. seront représentés par.................................. 12^{ar} »

Et les 18 ares à 5 fr. par........ 22 50

Ajoutant la contenance à 4...... 20 »

on aura tout le terrain ramené à

cette dernière qualité............ = 54 50 (*)

En prenant le 1/3 de cette surface (parce qu'il y a trois divisions) on a 18 17

pour la quantité équivalente que chacun doit avoir.

Par conséquent la portion contiguë au côté A C devra prendre 6 ares 17 centiares dans le terrain à 4 ; alors il ne restera plus à cette portion que 13 ares 83 centiares, au lieu de 18,17 ; il lui man-

---

($a . v$ — $b . v'$) divisé par $2 v$. En mettant les nombres on trouvera comme ci-dessus $s = 42, 44$. Si l'on voulait prendre s du côté de ED, on ajouterait les deux termes du dividende au lieu de soustraire, et dans ce cas on aurait $s = 61^{ar}$. 98 ^{c}. Voilà pour la division par 2.

(*) C'est aussi ce que l'on trouve en divisant la somme des valeurs de chaque qualité de terrain par 4. On pourra donc prouver son opération jusque là de cette manière.

quera donc 4 ares 34 centiares, dont il faudra prendre l'équivalent dans le terrain à 5, c'est-à-dire les 4/5 = 3 ares 47 centiares (*).

3° J'ai dit que ce n'était que pour faciliter les calculs qu'on ramenait au terrain du milieu ; en effet, on pouvait tout mettre, par exemple, à la valeur du terrain à 3 : alors, en raisonnant comme ci-dessus, on pose d'abord la contenance de cette qualité de terrain..................... 16   »

Puis le terrain à 4, converti en 3, devient 26   67

Et l'on obtient celui à 5 de.......... 30   »

Total = 72, 67

dont le 1/3 est de.................... 24, 22

pour la part équivalente de chacun.

On aura donc 24, 22 — 16 = 8,22, qui, multipliés par 3/4, donnent 6 ares 16 centiares, à prendre dans le terrain à 4 pour ajouter à celui à 3.

Par conséquent la qualité à 4 n'aura plus que 13,84, qui valent 18,45 de celui à 3, et comme il en faut 24,22, on prendra la différence 5,77

(*) Ces calculs peuvent aussi être exprimés, savoir : la portion s de 6,17 à prendre dans le terrain à 4, par

$$s = (a \cdot v + b v' + 2 c v'') \text{ divisé par } 3 v';$$

et pour les 3^{ar},47, ou s', qui doivent être pris dans la qualité à 5, en représentant par p la valeur de chaque division, on peut faire

$$s' = (p - (b-s) v') \text{ divisé par } v.$$

Celui qui aura un peu l'habitude de l'analyse pourra, s'il le juge convenable, établir des formules pour un plus grand nombre de parts, selon les circonstances, en suivant la marche indiquée à la démonstration que je donne de celles ci-dessus au n° 128.

dans le terrain à 5 , c'est-à-dire les 4/5 de cette dernière quantité , ou 4,6.

Si l'on avait commencé par la portion à 5, on aurait eu 30 — 24,22 = 5,78 à convertir en terrain à 5 , ce qui aurait également donné 4.6 à ôter de cette qualité pour ajouter à celle à 4.

Enfin, en faisant des raisonnemens semblables , on ne se trouvera jamais embarrassé, quel que soit le nombre des divisions, et c'est pour préparer à ces calculs que je viens de fixer la limite d'une portion non contiguë à celle à laquelle la contenance des autres est ramenée.

4° Si le partage devait être fait dans l'autre sens par une ligne droite, l'opération ne se ferait géométriquement qu'autant que cette ligne tomberait à angle droit sur les côtés; mais on aura toujours assez de précision dans la pratique en employant la méthode d'approximation , comme on l'a déjà fait dans différens endroits de ce traité , et notamment au n° 70.

Si nous reprenons le premier exemple , on remarquera à *vue* qu'en supposant l au milieu de E D (pour simplifier le calcul), la ligne B l ne devra pas s'éloigner beaucoup de celle qui doit faire le partage.

Voici comme on peut opérer : si on mesure El, lD, les triangles semblables feront connaître $l\,p$, E p ; et ici , parce que E l = l D , on a, sans calcul , $l\,p$ = 30, et E p = 20 : par conséquent la surface A B l E sera de 75 ares. On mesure la distance B l, ou on la calcule au moyen du triangle rectangle B $n\,l$; on calcule aussi la surface A r, et si elle a été trouvée, par exemple, de 19 ares, celle zl en vaudra 56. Ainsi la superficie du terrain à 3 donnera . . . . 57 fr.

Et celle de la qualité à 5 280

En tout 337

Mais, d'après l'arpentage, on a trouvé que la moitié de la valeur du terrain à partager est de 309 fr. 93 c.; la surface A l donne donc un produit trop fort de 27 fr. 7 c. (dividende).

Pour connaître la largeur à retrancher, on mesure B r, et l'on en conclut lr; si Br = 45,5, Br ayant été trouvé de 200^{m} $\frac{1}{4}$, lr sera 154, 75;

alors on fait $45,5 \times 3 = 136,50$ } 3 et 5 représentent la
$154,75 \times 5 = 773,75$ } valeur respective du terrain.

910, 25 (diviseur.)

En divisant 2707 par ce nombre, on aura 2^{m},97 qu'on portera de l en k et de B en f, et la ligne fk fera, à très peu près, le partage demandé.

PARTAGES GRAPHIQUES.

80. J'ai dit, au n° 38, que je parlerais de la manière de diviser un terrain, dont la figure est rapportée sur le papier, en parties égales, ou dans un rapport donné.

Pour faire ce travail, on peut suivre le procédé indiqué (37) pour les opérations par le calcul, en prenant sur le plan les mesures de longueur et de surface; ou bien, si l'on veut éviter toute opération arithmétique, on réduira la figure en un triangle équivalent , et l'on opèrera sur ce triangle pour faire l'arpentage.

Ainsi il faut qu'on sache convertir un polygone en un triangle de même surface , et en changer le sommet sans en altérer la contenance ; toute cette pratique consiste à savoir diviser une ligne en parties égales , ou dans un rapport donné, et mener une parallèle à une ligne d'un point déterminé sur le plan.

81. « Division d'une ligne droite en parties égales. »

Dans la pratique on fait ordinairement cette division par *essai*, et quand on manie bien le compas cette opération est prompte, et souvent plus exacte que par les méthodes géométriques.

Pour avoir, par exemple, trois parties égales, on prend à vue le 1/3 de la ligne à diviser, sur laquelle on porte cette ouverture trois fois , en partant de l'une de ses extrémités ; si l'on ne tombe pas précisément sur l'autre extrémité , on partage la différence à peu près en trois également , en ouvrant ou en fermant le compas par *aperçu :* on porte cette nouvelle ouverture trois fois sur la ligne , et ainsi de suite jusqu'à ce que l'on tombe juste.

Au surplus, quand on a une échelle de proportion (*), on peut porter la longueur A B sur l'é-

---

(*) Les personnes qui s'occupent des opérations que nous traitons en ont nécessairement, et savent s'en servir ; toutefois l'échelle doit être tracée sur une règle en métal (c'est ordinairement du cuivre), et il faut que le compas avec lequel on y prend des mesures, soit à pointes sèches et bien confectionné. La proportion de l'échelle est indifférente ; on pour-

chelle, prendre le 1/3 de la mesure, si la ligne doit
être partagée en 3, et cette troisième partie, prise
aussi sur l'échelle avec le compas, sera une division, qu'on portera de A en g, et de g en h.

Si l'on n'avait pas d'échelle sous la main, on
pourrait employer le procédé suivant, qui me paraît plus simple, et surtout plus exact que ceux
qu'on donne en faisant usage des parallèles.

Pour diviser A B, par exemple en cinq parties
égales, on trace une ligne quelconque A m, et l'on
porte dessus trois ouvertures égales de compas
(moitié de 5 plus une); on mène C d passant par
l'extrémité B, on fait B $d = $ C B, et l'on marque n à
l'intersection avec la ligne conduite du point d à
la seconde division de A C, et n B est la cinquième
partie de A B.

S'il faut diviser en quatre parties égales, on porte
sur A m cinq ouvertures de compas (4 plus une),
et du point d on mène sur la troisième division de
la ligne A C une droite qui fait n B $= \frac{1}{4}$ A B.

En général, pour la division en un nombre *pair*,
on porte sur A m autant d'ouvertures de compas
qu'il doit y avoir de division plus une, et du point
d on mène sur l'avant-dernière division une ligne
qui détermine sur A B une des parties.

Si le nombre des divisions est *impair*, on porte
sur A m seulement la moitié de ces divisions plus
une, et l'on joint le point d avec la division qui
précède le point C : toutefois la position de ce
dernier point n'est pas indifférente ; d doit être

---

rait adopter celle du 2000ᵉ ; c'est 5 centimètres pour représenter 100 mètres du terrain.

.tel que la transversale $d\,2$ ou $d\,3$ coupe A B le moins obliquement possible (voir la démonstration au n° 129).

Remarque. — Si la division doit être faite dans le rapport de m à p, on divisera la ligne en $(m + p)$ parties égales, et m de ces parties sera la première division; mais si ces nombres étaient grands. cette opération serait impraticable: dans ce cas on a encore recours à l'échelle.

Fig. 85. Soit A B à diviser, par exemple, dans le rapport de 106 à 113 (qui peuvent être deux surfaces), on ajoutera ces deux nombres, et l'on prendra sur une échelle quelconque leur somme 219, que l'on portera de A en C; on prendra aussi sur la même échelle une ouverture égale à 106, que l'on portera de A en p; puis on mènera $p\,m$ parallèle à B C (n° suivant) (*), et la ligne A B sera divisée dans le rapport de 106 à 113 (12).

Fig. 86. 82. « D'un point C donné sur le plan . mener « une parallèle à la ligne A B. »

Du point C prenez une ouverture de compas telle que l'arc $n\,m$ touche la ligne A B, ou son prolongement, sans le couper; du point A de cette ligne, ou de son prolongement, décrivez, avec la même ouverture de compas, un arc $o\,p$, et menez du point C une ligne qui touche à cet arc $o\,p$, aussi

---

(*) On évite la parallèle avec une échelle : on prend AB; et si l'on trouve par exemple 110^m, on fait

$$A\,m = \frac{110 \times 106}{219} = 53,2.$$

sans le couper; la droite C D sera la parallèle qu'il fallait tracer (*).

Ou bien menez B C au crayon; décrivez l'arc C *g*, et l'arc B *h* avec la même ouverture de compas; prenez C *g*, et avec cette ouverture coupez l'arc B *h* en *i* en posant la pointe du compas sur B, et tracez C *i*, qui sera parallèle à la ligne A B: c'est la méthode indiquée dans les élémens de géométrie, et qui est fondée sur le principe du n° 8.

Enfin, on pourrait encore se servir des règles *dites parallèles,* qu'on trouve chez les ébénistes, et plus particulièrement chez les fabricans d'instrumens de mathématiques, mais elles ne sont pas toujours bien justes.

83. « Transformation d'un polygone en un autre « équivalent. »

Fig. 87.

Pour changer le triangle A B C en un autre A D E de même surface, qui ait son sommet sur A B, ou sur son prolongement, menez C D, sa parallèle B E (**), et vous aurez A D E = A B C (voir la démonstration au n° 130).

Fig. 88.

Si D était hors du triangle et ailleurs que sur le prolongement A B, on tracerait B F parallèle au côté A C, et l'on aurait A C E = A B C; et alors on se trouve dans le cas précédent, c'est-à-dire qu'on transforme le triangle A C E en un autre équivalent ayant son sommet au point D.

(*) On voit que cette pratique revient à abaisser des perpendiculaires égales sur une même ligne, et à mener des droites par l'extrémité de ces perpendiculaires.

(**) Ces deux lignes ne sont pas tracées sur la figure afin d'éviter la confusion.

Si ce point D était de l'autre côté de A B, la construction serait la même, quelle que soit la position D par rapport à la parallèle, en la faisant dans un sens opposé; on a toujours C D G = A B C, et l'on voit que le cas du dernier exemple renferme aussi celui où le point D se trouve dans l'intérieur du triangle A B C (voir le n° 99).

Fig. 89.

84. « Transformer un polygone quelconque en « un autre équivalent, et qui ait un côté de moins. »

Fig. 90.   Soit la figure A B C D E, dans laquelle on veut remplacer B C, C D, par la droite D F;

Menez B D, sa parallèle C F, et vous aurez le quadrilatère A E D F = A B C D E.

Si l'on en fait autant pour l'angle E, on aura converti la figure en un triangle équivalent D G F.

85. « Trouver une moyenne proportionnelle à deux lignes données A B et B C. »

Fig. 91.   Du point o pris au milieu de A C, décrivez un arc m n avec une ouverture de compas égale au rayon A o; puis élevez du point B une perpendiculaire B p à la ligne A C, et marquez g à la rencontre de l'arc; la ligne B g sera la moyenne proportionnelle qu'on voulait avoir : c'est une application des triangles semblables, considérés dans le cercle.

Fig. 92.   Quant à la perpendiculaire, on sait qu'on la trace avec l'équerre, ou bien (6) que l'on prend une distance égale de chaque côté du point B comme A B = B C, et que des points A et C, avec une ouverture plus grande que A B, on décrit deux arcs qui se coupent en p, qui est un des points de la perpendiculaire.

86. Si l'on veut une quatrième proportionnelle à
Fig. 93. trois lignes données, D, E, F, on peut tracer deux
droites indéfinies A B, A C, faisant un angle quelconque ; porter D sur l'une de ces lignes, par
exemple de A en a, et E sur l'autre ligne de A
en b ; porter aussi F sur AB de A en c ; mener $a\,b$,
et sa parallèle $c\,d$; alors la ligne A d sera quatrième proportionnelle aux droites données (12).

Je vais maintenant présenter des exemples qui
feront voir la marche qu'on peut suivre pour faire
le partage d'un polygone rapporté sur le papier ;
toutefois le rapport doit être fait très exactement,
et avec une échelle assez grande pour y prendre
au moins le demi-mètre sans incertitude.

87. Pour faire le partage indiqué au n° 39, dans
Fig. 24. le rapport de 3 à 2, si vous trouvez A B de 180 m.,
vous en prendrez les 3/5 ; ce sera 108 qu'il faudra
prendre sur l'échelle et porter de A en a.

Si les nombres qui indiquent le rapport sont
2, 3 et 5, le plus simple, dans ce cas particulier,
est de prendre le $\frac{1}{10}$ de 180 (*), et de multiplier
le quotient par 2 et par 3 ; on aura respectivement
36 et 54, qu'on prendra sur l'échelle, et qu'on
portera, savoir : 36 de A en a, et 54 de a en b.

88. Quant au partage qu'on a fait au n° 41, on
fixera le point D en prenant la mesure de A D du
terrain sur l'échelle, et l'on divisera A B en trois
parties égales ; puis, par les points de division a
et b, on mènera a G, b F parallèles à C D, et
les points G, F, fixeront les divisions. (Règle

(*) Parce que la somme des rapports 2, 3 et 5 = 10.

du n° 83 en mettant en D le sommet a du triangle A a C $= \frac{1}{5}$ A B C.)

89. Pour résoudre graphiquement la question du n° 44, on rapportera le triangle A B C au moyen des trois côtés qu'on aura mesurés sur le terrain ; puis on prendra deux moyennes proportionnelles, l'une entre A B et son 1/3, et l'autre entre B C et son 1/3 (85). On portera la première de B en D, et la seconde de B en E ; enfin on conduira E D qui limitera la première part.

La limite G F de la seconde portion se trouve déterminée par une moyenne proportionnelle prise entre la même ligne A B et ses 2/3, etc.

C'est mot à mot ce que l'on a fait par le calcul au n° 44 précité (*).

(*) S'il fallait établir une surface donnée s par une ligne nm parallèle au côté A C ; après avoir fait l'arpentage du triangle ABC on pourra encore diviser AB, BC, dans le rapport de ces surfaces, et achever l'opération comme ci-dessus.

Soit $s = 35$ ares et ABC 170 ; si AB est de 200^m, on multipliera ce chiffre par la fraction $\frac{35}{170}$ ou $\frac{7}{34}$; le quotient sera 41 (a), qu'on prendra sur l'échelle et qu'on portera de B en r ; puis on construira une moyenne proportionnelle B p entre A B et B r (85), et sa longueur portée sur A B, à partir du point B, fixera le point n.

Enfin, on fera une opération analogue sur B C pour placer le point m.

(a) Si on voulait opérer d'après la règle de la remarque du n° 81, on prendrait le chiffre de la surface du trapèze A nm C, qui est ici de 135 ares, et l'on diviserait AB, BC, dans le rapport de 135 à 35, ou de 27 à 7, et l'on aurait de même $\frac{200}{54} \times 7 = 41$.

L'opération est terminée, et il ne s'agit plus que de prendre avec le compas et l'échelle les distances B D, B G, pour connaître la longueur de chacune (et cela s'applique aux exemples précédens) ; alors on va mesurer sur le terrain ces distances respectives sur les côtés A B , B C, et l'on fait planter les bornes aux endroits indiqués par ces mesures.

Enfin, pour faire l'arpentage du triangle par une perpendiculaire, on fera, dans le cas de la division par 3 , B D moyen proportionnel entre B C et le 1/3 de la perpendiculaire A A m, puis on élèvera la perpendiculaire D E comme il est indiqué au n° 86 (*).

Fig. 32.

90. Soit le quadrilatère A B C D à diviser en deux parties égales.

Fig. 96.

On peut réduire cette figure en un triangle équivalent, ou en faire un trapèze et un triangle.

Dans ce dernier cas, menez B e parallèle au côté A D, et fixez p et k au milieu de ces parallèles (ce serait le 1/3 si l'on divisait en trois). Tracez les droites C k; p k, et vous aurez C k p D $=$ la moitié du quadrilatère à diviser : mais ce partage donne

---

(*) Si le segment B m n'a pas été déterminé sur le terrain on l'obtiendra en élevant la perpendiculaire au point A avec l'équerre, ou bien de ce point A , avec une ouverture quelconque de compas, on coupera BC par l'arc o n, et avec la même ouverture de compas, en posant la pointe successivement en n et en o, on décrira des arcs qui se couperont en p ; alors, menant A p, l'intersection m sur BC sera le pied de la perpendiculaire A m. C'est encore une application du n° 6.

Fig. 97.

une forme trop irrégulière aux divisions. On rectifiera cette limite coudée en traçant Cp, sa parallèle kf, et la ligne pf, qui fera encore le partage (même principe du n° 83, qui donne $fpk = Cfk$).

Le partage n'aurait pas plus de difficulté s'il devait être fait dans un rapport donné.

Si ce rapport est celui de 2 à 3, on prendra sur l'échelle la longueur de AD, par exemple (si elle n'est pas connue par la mesure du terrain) ; on en prend le 1/5, et le double du nombre qui en résulte étant pris sur l'échelle, on le porte sur AD de A en p, si cette part doit être contiguë au côté AB. On en fait autant pour la parallèle Be, et l'on achève ensuite l'opération comme ci-dessus.

On peut remarquer que cette pratique est analogue à celle indiquée à la note du numéro précédent.

Fig. 98.   91. Si l'on avait réduit le quadrilatère en un triangle équivalent ABE (84), on aurait pris o au milieu de AE (en supposant qu'on divise encore par 2), et le point p étant donné sur AD, on mène Bp, sa parallèle ol, et l'on trace lp, qui fait le partage.

L'opération se ferait absolument de la même manière s'il y avait un plus grand nombre de divisions.

S'il faut faire le partage en trois contenances égales, on fera $Ah = hg = gE$; q et p étant placés
Fig. 99. sur AE, on tracera Bq, Bp, et l'on mènera les parallèles hm, gl ; les lignes lp, mq, diviseront le quadrilatère $ABCD$ en trois parties égales. C'est toujours le même procédé.

92. Au lieu d'opérer comme on vient de l'indiquer, on peut encore, ainsi que nous l'avons dit au n° 80, faire sur le papier toutes les opérations dont il est question au n° 37, c'est-à-dire qu'ayant calculé graphiquement la surface du triangle A B m (m étant fixé sur B C), on la soustrait de celle s qu'on veut déterminer du côté de la limite A B ; puis on fait A $p =$ au double de la différence (ou $2\,s'$), divisée par la perpendiculaire $l\,m$, qu'on prend aussi sur l'échelle avec le compas (*) ; mais on voit qu'il y a des calculs à faire, tandis que par les constructions précédentes on en est dispensé lorsque le partage se fait en parties égales ou dans des rapports donnés.

Fig. 42.

Cependant ce moyen graphique doit être employé lorsque les limites de la figure à diviser sont sinueuses. On peut même fixer p' approximativement ; calculer la contenance A B $m\,p'$ (**), et

---

(*) Pour avoir la longueur de cette perpendiculaire on met la pointe du compas en m, et l'on ouvre l'autre branche de manière à ce que sa pointe touche la ligne AD sans la couper (14 et 82).

(**) Pour calculer la surface d'un polygone avec l'échelle et le compas on peut opérer comme il suit :

F. 100.   Soit le plan A B C D E F rapporté, dont on veut connaître la contenance ; on décompose la figure en triangles en traçant au crayon, ou avec une pointe qui ne coupe pas le papier, des lignes très fines AC, AE, de manière que chacune de ces lignes puisse servir de base à deux triangles ; on prend sur l'échelle la distance AC, et pour avoir la hauteur du triangle ABC on ouvre le compas de manière qu'une de ses pointes étant en B, l'autre pointe touche la base AC, sans la couper (82). On met cette hauteur de A en o ; puis du point D on

diviser le double de la différence avec s, par la perpendiculaire $l\,m$; puis on fixe le point p en portant la valeur du quotient, prise sur l'échelle (c'est-à-dire l'ouverture du compas), vers D ou vers A, à partir de p', selon que la surface calculée sera plus petite ou plus grande que s.

F. 102.   93. « Soit la figure A B C D, tracée sur le papier, « à partager en deux parties égales par une ligne « $f\,h$. »

Fixez un point h à volonté, ou par la mesure du terrain prise sur l'échelle; menez au crayon une ligne $h\,k$ telle qu'elle ne s'éloigne pas beaucoup de celle qui doit faire la division; calculez à l'échelle et au compas, ou de toute autre manière, par exemple, la partie A B $k\,h$.

---

prend de la même manière la hauteur du triangle ACD, ayant aussi AC pour base, et on la porte de o en n. La distance A n, qui est la hauteur des deux triangles, est portée sur l'échelle, et on la multiplie par la mesure de AC. On en fait autant pour le quadrilatère ADEF, et l'on réunit ces produits; la moitié de la somme donne la surface du polygone qu'il fallait calculer (18).

Remarque. — Si les côtés du polygone ont été mesurés, on pourra se servir des cotes pour faire ce calcul.

F. 101.   Pour le triangle ABC on multiplie la cote de AB par la hauteur C k, prise à l'échelle sur le prolongement de AB. Il en est de même pour le triangle ACD, dont les facteurs sont le côté CD et la hauteur A l.

Pour les autres triangles, on multiplie les côtés EF, AF, par les hauteurs respectives m D, o D.

Enfin on fait la somme de tous ces produits, dont la moitié est la surface du polygone. Ce calcul doit être plus exact que le premier, parce qu'il n'y a dans chaque triangle qu'une dimension à prendre à l'échelle.

Si cette surface se trouvait être la moitié de celle du polygone à diviser, la ligne *h k* ferait le partage demandé ; mais il est probable que cela ne sera pas : dans ce cas, prenez sur le plan la longueur de la perpendiculaire *o h* à la ligne B C (note du numéro précédent), que vous porterez sur l'échelle, et divisez le double de la différence de la surface A B *k h* avec celle de la moitié de la figure à partager ; par cette longueur *o h*, le quotient porté de *k* vers C, ou vers B, selon que la surface calculée sera plus petite ou plus grande que celle qu'il faut déterminer, fixera le point *f*.

Enfin je rappellerai que cette explication, déjà donnée à la fin du numéro précédent, n'est autre chose que l'expression

$$f k = 2\, s' \text{ divisé par } o\, h \ (37).$$

94. Le partage effectué au n° 75 peut se faire en opérant de la même manière ; ou bien, si les points de division *p* et *q* ne sont pas déterminés sur A B, on pourra les fixer en portant la valeur du quotient qu'on obtiendra en divisant une part par la longueur d'une ligne menée à peu près dans le milieu de la largeur présumée, de A en *q* ou de B en *p* (60), et l'on opère ensuite sur les points ainsi fixés par ce quotient (70).

En voilà assez, je pense, pour faire voir l'esprit de la méthode ; je vais continuer en réduisant la figure en un triangle équivalent, pour que l'on se familiarise avec ces sortes d'opérations, si l'on veut en faire usage.

F. 103. 95. Soit le plan A B C à diviser en deux parties qui soient entre elles :: 2 : 3, à partir du point *p*.

Réduisez ce polygone en un triangle équivalent C E F, et prenez $fF = \frac{2}{3} EF$ (90), si la plus petite portion doit être du côté de A B.

Menez C p, sa parallèle partant du point f, jusqu'à la rencontre n du côté B C, ou de son prolongement.

Si n tombe sur B C, la question sera résolue ; mais si, comme dans cet exemple, la parallèle $n f$ ne rencontre que le prolongement de B C, on mènera C f et sa parallèle $n m$; la ligne tracée de m en p déterminera la limite du partage.

104. NOTA. On pouvait faire le triangle A B E, et opérer de la même manière pour fixer m ; c'est-à-dire que, dans ce cas, après avoir placé p et f comme ci-dessus, on mène B p, sa parallèle $f n$; puis C p et sa parallèle $n m$ (*).

105. 96. Si l'on voulait la division du quadrilatère A B D C en trois parties égales par des lignes partant du point C, on pourrait faire le triangle équi-

106. valent A C E, ou bien opérer sur la diagonale A D opposée à l'angle C.

103. Dans le premier cas, on fait A $l = l p = E p$, et comme le point l se trouve entre A et B, le triangle A C l formera une part.

Pour fixer m de la seconde division, on mè-

(*) La première construction est préférable à celle-ci à cause de l'incertitude du point de rencontre E, quand l'angle est très aigu, et je ne donne cette solution que pour avoir occasion de faire cette remarque. Au surplus on peut fixer le point E en divisant le double de la surface du polygone, si on la connaît, par la hauteur du triangle ABE, prise à l'échelle, du point B ; le quotient sera la distance AE (note du n° 18).

nera, comme à l'ordinaire, C B et sa parallèle *p m*.

F. 106.   Dans le second cas, on divise aussi A D en trois parties égales, et l'on trace l'autre diagonale B C, à laquelle on mène des parallèles par les points de division *n* et *o*.

F. 107.   97. Soit le plan A B C D E à partager, et les points *m* et *h* fixés comme dans la figure 73.

Pour ne pas avoir un triangle trop allongé, en fixant son sommet à l'angle C, je mets ce sommet en B, et j'ai le triangle A B *e* équivalent au polygone à diviser.

Je fais A *n* $=$ *o n* $=$ *o e*; puis je trace *n m* et sa parallèle B *l*, qui fixe le point *l* de la première part.

Pour avoir la seconde division, on mènera *o* C, sa parallèle B *p*, puis *p h*, sa parallèle *o'* C, et *o' h* qui fera la seconde part (*).

98. Pour opérer le partage qu'on a fait au n° 77, convertissez le polygone en un triangle équiva-
F. 109.   lent *e k* H, et divisez *e k* en quatre parties égales.

Les points de division étant *a*, *b*, *c*, la ligne *a* H formera la première part, à cause de A *k x* $=$ H *x* I.

F. 108.   (*) Si l'on avait divisé le côté B *e* en trois parties égales aux points *d*, *f*, on aurait tracé A *r* passant par le point *m*, et sa parallèle *d k*; puis *m k* et sa parallèle *r l*; mais on voit qu'il y aurait eu une opération de plus à faire, et il en serait de même pour la seconde division. Ainsi, les constructions ne sont pas indifférentes, comme on a déjà pu le remarquer; c'est la pratique qui apprend à faire un bon choix.

Pour avoir le point l de la seconde division, menez B H , sa parallèle $b l$, et tracez l H.

Du point c menez aussi une parallèle au même rayon B H, et arrêtez cette parallèle en n sur B C, ou sur son prolongement.

Si n tombait sur le côté B C, il suffirait d'y conduire une ligne de l'angle H ; mais comme ce point se trouve sur le prolongement, on trace C H, et sa parallèle n m ; la ligne m H fera la limite de la 3e part. Toute cette pratique est fondée sur celle du n° 83.

110.   99. Enfin , pour partager la figure A D C D E , aussi en quatre parties égales, par des lignes partant du point O situé dans l'intérieur du polygone, réduisez celui-ci en un triangle équivalent O P R, et coupez P R en quatre parties de même longueur , après avoir vérifié la distance P R comme il est indiqué à la note du n° 95.

Les points de division étant 1 , 2 , 3 , portez P 1 de A en n , et le triangle A O n fera une part.

Portez la même ouverture P 1 de n en v ; menez O B et sa parallèle v m ; le quadrilatère O n B m sera aussi le quart de la figure à diviser.

Pour fixer la troisième part on peut porter P 1 de A en r, alors on mène r s parallèle au rayon A O jusqu'à la rencontre de A E , prolongé ; on trace O E, sa parallèle s p, et l'on a le quadrilatère A E p O pour la troisième part.

La quatrième portion est par conséquent formée par la figure O p D C m:

Pour preuve de l'opération , on peut fixer de nouveau le point m , en cherchant deux parts entre A E DC.

F. 111.   Pour cela faites $rt = Ar$, menez les parallèles ut, ux, xz, aux rayons A O, O E, O D; menez encore O C; sa parallèle tracée, du point z, donnera le même point m sur B C, si l'on ne s'est point trompé. On s'assurerait aussi du point p, fig. précédente, en opérant sur les côtés B C, C D, D E.

Remarque. — Si l'on s'était servi des divisions 1, 2 et 3, on aurait une autre distribution.

F. 112.   D'abord, en menant du point 2 une parallèle au rayon A O, on a le point a sur A E; et dans ce cas, la première part $= A a O 3$.

Si du point R on mène une parallèle au rayon O B, on aura b sur B C, et la partie B b O 3 fera une autre part.

Pour fixer la troisième portion, on peut se servir du point 1 ou du point 4, en faisant R 4 = R 3.

Si l'on prend le point 1 (et l'opération serait analogue pour 4), on mène 1 f parallèle au rayon A O; $f g$ parallèle à O E, et encore $g h$ parallèle à O D; la troisième part est alors déterminée par la figure E D h O a.

Je suis entré dans ce détail pour indiquer comment on peut prouver ses opérations, et pour faire voir de nouveau qu'on peut varier la forme des figures quand les points de division ne sont pas donnés, et mettre les copartageans à même de choisir le partage qui leur paraîtra le plus convenable.

Au surplus, on pourrait résoudre la question traitée dans ce numéro sans mettre le sommet du triangle au point O , mais je crois que l'opération ne serait pas aussi simple.

100. J'ai dit au n° 89 que lorsque les divisions étaient tracées sur le plan on allait sur les lieux pour indiquer la place où les bornes doivent être plantées.

Pour opérer avec ordre il est bon , avant de se rendre sur le terrain, d'écrire dans la figure toutes les distances nécessaires au partage.

Par exemple , on prend avec le compas et l'échelle la largeur de chaque parcelle , et l'on écrit le chiffre dans l'espace B b , b c , c C ; on en fait autant pour A a , D d. On prend aussi les mesures sur a E, d E, pour fixer les points a , d , et les lignes a b, c d , font le partage avec autant d'exactitude qu'on peut en attendre d'une opération graphique.

On voit que les cotes a E, d E, ne sont pas indispensables ; cependant on fera bien de les prendre , parce qu'il pourrait être plus commode de fixer les points a et d sur le terrain par ces distances. Il en est de même pour c C ou b B.

101. *Remarque sur le n° 83.* — On peut changer un triangle en un quadrilatère équivalent , et réciproquement , sans faire usage des parallèles , ce qui peut être quelquefois plus expéditif et plus exact dans la pratique.

Deux particuliers conviennent de remplacer la surface du triangle A B C par une contenance égale renfermée par quatre lignes droites, sans toutefois déranger les bornes A et B.

6

Pour faire cette opération, tracez une ligne C *n* telle qu'elle coupe le côté A B; prenez une distance arbitraire C D, et portez-la de D en E; le quadrilatère A D B E sera équivalent au triangle A B C, car la somme des deux perpendiculaires abaissées sur A B, des points D, E, est évidemment égale à la perpendiculaire menée du point C sur la même base A B.

Cette transformation est facile à exécuter sur les lieux quand le terrain est libre.

F. 115.   Si l'on voulait faire du quadrilatère A B CD un triangle équivalent, en conservant les bornes A et C, on mènerait les diagonales A D, A C; on ferait *e* B $=$ *o* D, et l'on aurait le triangle A C *e* égal au quadrilatère proposé (*). Cette construction, étant l'inverse de la précédente, n'a pas besoin de démonstration.

De même, si l'on veut transformer ce quadrilatère en un autre équivalent, et conserver les F. 116. bornes A, D, C, on fera D F $=$ B D, et la figure A D C F aura la même surface que la première.

F. 117.   Si l'on ne veut pas conserver la borne D, on prendra un point quelconque *h* sur la diagonale B D, et après avoir fixé F comme ci-dessus, on fera F *k* $=$ D *h*. Le quadrilatère A *k* C *h* remplira encore les conditions de la question.

En général deux quadrilatères sont égaux en surface quand ils ont des diagonales égales, et qu'elles forment le même angle en se coupant

---

(*) L'opération serait encore vraie si *e* tombait de l'autre côté de B ou de D.

F. 118. (36); c'est ainsi qu'en faisant A a = C c , B b = D d, la figure A B C D est équivalente au quadrilatère a b c d.

En voilà assez sur ces transformations, dont on n'aura probablement guère l'occasion de faire usage.

102. « Rectifier la limite sinueuse de deux pro-
« priétés x , y , par une ligne droite, sans changer
« la surface de chaque figure. »

Pour faire cette opération il ne s'agit que de
F. 119. mener g h perpendiculaire à la ligne AC, et de calculer la surface formée par cette perpendiculaire et la ligne *tortueuse*, tant à droite qu'à gauche (*).

Si la contenance des portions qui sont à droite est égale à celle des parties qui sont à gauche, cette perpendiculaire satisfera à la question ; mais s'il y a une différence, comme cela arrivera probablement, on en divisera le double par g h, et l'on portera le quotient à droite ou à gauche de la perpendiculaire à partir du point g. (C'est toujours la même règle, et si l'angle g était quelconque , on aurait cette perpendiculaire égale g h $\times$ sin. g.)

(*) Le praticien sait, et d'ailleurs on voit bien, que, pour avoir la surface limitée par une ligne sinueuse, il faut que les perpendiculaires soient assez rapprochées pour que la courbe comprise entre ces ordonnées puisse être considérée comme une ligne droite, et même, quand on a l'usage de ces opérations, on rectifie ces courbes assez exactement en imaginant des droites qui laissent d'un côté à très peu près la même quantité de terrain qu'elles en retranchent.

Si, par exemple, les portions a, c, e, donnent une surface de 12 ar. 50 c., et celles b, d, de 10 ar. 25 c., on divisera 450, double de la différence, par longueur $g\,h$, que je suppose de 90 ^{m}; le quotient 5^m sera ce qu'il faut porter de g en D, et la droite D h donnera à chaque propriété la même surface qu'elle avait dans son premier état.

Cette rectification se fait promptement avec l'échelle et le compas quand la figure est exactement rapportée sur le papier, et cette méthode d'approximation est souvent suffisante dans la pratique.

F. 120.   « Enfin, soient encore les parcelles A et B dont « on veut rectifier les limites $e\,f\,g\,b$, par une ligne « droite. »

Prolongez $a\,b$ en c, et calculez la surface $b\,c\,d$ $e\,f\,g$ avec les mesures du terrain. Si cette surface est de 7 ares, on divisera 700 par la longueur $a\,c$, supposée de 87 m.; le quotient sera 8 mètres, qu'on portera, par exemple, de a en h; puis on déterminera le point k comme on l'a indiqué au n° 48 : ou bien, si la droite $h\,k$, qui doit faire la division, est à très peu près de la même longueur que $a\,c$, on portera la distance 8 m. de c en k (60 et 70).

COURBES.

103. On vient de voir au numéro précédent comment on peut faire l'arpentage d'un terrain dont les limites sont composées de petites lignes courbes.

Si la figure est un cercle, on en trouve la surface en faisant le calcul indiqué au n° 23.

F. 121. Pour une portion de cercle formée par l'arc *a b c* et la corde *a c*, on peut prendre *d* au milieu de *a c*, élever la perpendiculaire *b d*, et la mesurer. On prend encore *e f* perpendiculaire au milieu de *a b*; on multiplie *a d* par *b d*, et l'on ajoute au produit celui de *a b* par *e f*; la somme est à très peu près la surface de cette partie du cercle, que l'on nomme *segment*.

Telle est la marche suivie dans la pratique.

Si l'on voulait plus de précision, on mesurerait l'angle *b a d*, ou on le calculerait en faisant tang. $a = b d$ divisé par $a d$ (25); puis on prendrait une quantité R (le rayon du cercle) $= a d$ divisé par le sinus du double de l'angle *a*, et l'on aurait le logarithme de l'arc *a b c* en ajoutant au log. constant 8.24205, ceux de R et du quadruple de l'angle *a*, pris comme nombre (*).

Enfin, on multiplie la valeur de l'arc par $\frac{1}{2}$ R, et l'on retranche du produit celui qu'on obtient en multipliant la moitié de la corde *a c* par R moins la flèche *b d*; le reste est la surface du segment circulaire. (Voir la démonstration au n° 131.)

(*) C'est-à-dire que si cet angle quadruple est de 43° 34′ on multipliera par $43 \frac{34}{60}$ ou 43, 57. On peut aussi avoir le rayon R en divisant la somme des carrés de la moitié de la corde et de la flèche par le double de cette flèche; et quant à la longueur de l'arc, on l'obtient en prolongeant la flèche d'un quart de sa longueur; alors le double de l'hypoténuse menée de l'une des extrémités de la corde au point où finit la mesure de la flèche ainsi prolongée, est à très peu près la longueur de l'arc. (Voir la fin du n° 107.)

Remarque. — Cette surface se calcule promptement quand l'ordonnée $b\,d$ est petite, comme cela arrive aux parcelles courbes qu'on trouve dans différentes contrées ; car, dans ce cas, les courbes peuvent être considérées comme appartenant à une parabole, et l'on a suffisamment d'exactitude en multipliant $a\,c$ par les deux tiers de $b\,d$.

Par exemple, si $a\,c = 26^m,92$ et $b\,d$ $2^m,59$, en prenant les deux tiers du produit de ces nombres, on a approximativement 46 centiares et demi pour la surface du segment.

En suivant la première règle, on aura mesuré ou calculé l'angle a de 10° 53′ 30″ ; ou trouvera R $= 36^m\ 27$; l'arc $a\,b\,c$ de $27^m,59$ et par suite la surface du segment de 48 centiares 2 dixièmes. La différence avec le calcul approximatif est, comme on le voit, d'un centiare 7 dixièmes ; mais cette différence sera moins forte si on ajoute au premier calcul le produit de $a\,b$ par les deux tiers de $e\,f$.

104. Si la figure a la forme d'une ellipse, comme on en voit dans les jardins d'agrément, à l'embranchement des routes, etc., on aura sa circonférence en multipliant la demi-somme des diamètres par 22 et en divisant le produit par 7.

Quant à la surface de l'ellipse, il y a plusieurs manières de l'obtenir : on peut multiplier la surface du cercle fait sur le grand diamètre A B par le petit diamètre C D, et diviser le produit par le grand diamètre : le quotient sera la surface. On peut encore opérer comme il suit :

On cherchera d'abord une moyenne proportionnelle entre les deux diamètres perpendiculaires A B , C D , c'est-à-dire qu'on prendra la racine du produit de A B par C D ; ce sera le diamètre d'un cercle dont la surface vaudra aussi celle de l'ellipse : mais si l'on n'a qu'une petite portion de cette courbe à mesurer, on pourra aussi la considérer comme une parabole et multiplier sa corde par les deux tiers de la flèche , si celle-ci n'est que de quelques mètres (*).

105. S'il faut faire l'arpentage de la figure A b B C h D limitée par des courbes , au lieu de prendre beaucoup de perpendiculaires sur les alignemens A B, C D, pour pouvoir considérer les courbes comprises entre ces ordonnées comme des droites ; si , comme cela a presque toujours lieu , les hauteurs $a\,b$, $c\,d$, $e\,f$, $g\,h$, sont petites , on pourra calculer les portions limitées par les alignemens et les courbes , par l'un des procédés du numéro précédent, selon la nature de la courbe, en faisant attention que pour faire usage de la méthode approximative , il faut que la flèche $a\,b$ ne soit que de quelques mètres.

Pour prendre une surface s contiguë au côté

(*) Il peut arriver qu'on ait à calculer la surface d'un *hexagone* ou d'un octogone, c'est-à-dire d'une figure régulière de 6 ou de 8 côtés. Dans ce cas, au lieu de faire le calcul indiqué par la théorie, on pourra, pour l'hexagone, multiplier le carré du côté de cette figure par 2,6; le produit sera sensiblement la surface ; et pour l'octogone, on obtient aussi, à très peu près, sa superficie en multipliant 4,829 par le carré de son côté.

B C , si l'on est libre de fixer approximativement les points n , m , de la ligne de division , on opérera comme on l'a indiqué au n° 70 , c'est-à-dire qu'on mesurera la surface B C m n , comme on vient de le dire , ou de toute autre manière , et qu'on divisera la différence que l'on trouvera avec la surface s par la longueur n m ; puis on porte le quotient vers A ou vers B , selon que la surface mesurée est plus petite ou plus grande que s , et l'on en fait autant au point m.

Cette pratique est la répétition de ce qu'on a déjà vu aux numéros 60 et 70.

Pour la division en long par une courbe l v x , on peut opérer sur le quadrilatère A B C D , comme il est indiqué au n° 51 , si l'on ne veut pas prendre à vue la position approximative des points l et x ; et quand ces points sont fixés , on porte sur la droite l x , qui les joint , des parties semblables à celles qu'on mesure sur A B et sur C D ; c'est-à-dire que si C D est $\frac{1}{5}$ plus grand que A B , on fera d'abord A z' $\frac{1}{5}$ moins grand que D z , et $o\,l=$ A z' plus la différence des abscisses D z , A z' multipliée par A l divisé par A D ; puis on aura

$$o\,p = \begin{cases} z'\,k' + (\,z\,k - z'\,k'\,)\times \text{A } l \text{ divisé par A D} \\ \qquad\qquad \text{ou} \\ z\,k - (\,z\,k - z'\,k'\,)\times \text{D } l \ldots\ldots \text{id.} \end{cases}$$

Ce calcul est simple , et se fait promptement quand on a l'habitude de ces opérations.

Soit C D$=$100 et A B$=$80 ; la différence de ces lignes est $\frac{1}{5}$ de la première. Si l'on prend D $z=$ 20 , A z' sera 16 , et dans la supposition que A l est au tiers de A D , on aura $o\,l=$16 , plus 4 multiplié par $\frac{1}{3}=$ 17 $\frac{1}{3}$.

Si l'on a trouvé $z\,k = 6$ et $z'\,k' = 4$, $o\,p$ sera $4 + 2 \times \frac{1}{3} = 4\frac{2}{3}$. On en fait autant pour avoir l'ordonnée $r\,q$, etc., et la courbe $l\,v\,x$ sera d'autant mieux représentée qu'on aura mesuré plus de ces petites traverses sur les cordes A B, C D.

106. *Tracé des courbes*. — Il y a beaucoup de localités où les propriétés sont limitées par des courbes à peu près semblables à celles dont on vient de parler (*), et en général les routes qui se détournent de la ligne droite sont tracées par des courbes qui ont souvent plusieurs centres ; de sorte que les parcelles adjacentes à ces routes sont aussi limitées, de ce côté de la route, par une courbe.

Pour établir les courbes sur le plan, on emploie ordinairement un instrument connu sous le nom de *pistolet* ou *cherche*, qu'on ajuste le mieux possible sur les extrémités des ordonnées qui ont été mesurées sur le terrain, pour tracer la courbe ; mais on peut représenter ces lignes sans avoir recours à cet instrument, qui exige toujours quelques tâtonnemens.

Quand la courbe appartient à un cercle, on a vu (14 et 103) comment on peut en trouver le rayon ; mais la difficulté est de pouvoir connaître l'espèce de cette courbe.

Ellipse. — Pour tracer l'ellipse avec des dia-

(*) Il y a cependant des contrées où les courbes sont très irrégulières, et quelquefois même tournées en sens contraire ; dans ce cas il n'y a d'autre moyen pour en faire l'arpentage que de rapprocher suffisamment les ordonnées. (Note du n° 102.)

6.

mètres donnés A B , C D; prenez *n* au milieu de A B , et à ce point élevez la perpendiculaire *n* D que vous prolongerez en C, et faites *n* D, *n* C = au demi-diamètre C D.

Ensuite on élève à la corde A D la perpendiculaire D *f*; on fait D *g*, A *k*, *i* B $= n f$, et l'on élève encore sur le milieu de *g k* une perpendiculaire qu'on prolonge jusqu'à la rencontre *d* du diamètre C D.

Par les points *d* et *k* on conduit un rayon indéfini *d l*; on trace aussi le rayon *d i h*, puis du point *d*, avec *d* D pour rayon, on décrit l'arc *l* D *h*, et l'on complète la moitié de l'ellipse en traçant les arcs A *l*, B *h*, qui ont respectivement pour centre *i*, *k*, et A *k*, *i* B pour rayon.

Enfin l'on fait la même opération de l'autre côté, pour avoir la courbe entière A C D (*).

(*) Cette courbe a une forme agréable, mais il peut y avoir incertitude sur le point *d* quand la perpendiculaire *m d* rencontre C D très obliquement. Voici une construction où cet inconvénient n'existe pas.

F. 124. Les diamètres étant disposés comme dans la figure 122, on fait A *h* $=$ ED, et l'on prend *n h* $= \frac{3}{8}$ E *h* (on peut se servir de l'échelle et du compas) ; on fait aussi B *m* $=$ A *n*. Avec A *n* on décrit du point *n* un arc indéfini *o* A *p*, et du point A, avec la même ouverture, on coupe cet arc en *o* et en *p* : on en fait autant pour déterminer *r* et *q*. Enfin des points *o* et *q*, avec *o q*, on fixe *e*, et de ce point avec la même ouverture de compas on décrit l'arc *o* D *q*, qui se lie bien avec les premiers. La courbe *p* C *r* se trace du point *i*, qu'on fixe en faisant *i* D $= e$ C.

On peut aussi tracer l'ellipse d'un mouvement continu. Pour cela, du point D, avec AE, on coupe AB en *o'* et *o''*; ces

107. *Courbes des routes.* —Il y a différens moyens pour tracer ces courbes. Assez généralement on unit les alignemens droits par des arcs

F. 125. circulaires; mais pour que la courbe $a\,b\,c$, à laquelle je suppose un centre pour $a\,b$, et un autre pour A c, ne fasse point de jaret au point b, ni avec les alignemens a A, c D, il faut que l'angle $a\,b$ B soit égal à celui $b\,a$ B, formé par le prolongement A a et la corde $a\,b$, en qu'en prolongeant B b vers C, l'on ait aussi l'angle $b\,c$ C, formé par le prolongement de D c, et la corde $b\,c$, égal à l'angle C $b\,c$. Ainsi cet alignement D c est subordonné à ce dernier angle.

Supposons donc que la courbe est établie d'après cette condition ; pour la tracer de manière à ce que les arcs $a\,b$, $b\,c$ se lient bien, et qu'ils soient respectivement tangens aux droites A a, D c, du point a on élève une perpendiculaire à l'alignement A a, et une autre sur le milieu de la corde $a\,b$, et du point de rencontre de ces perpendiculaires on décrit le premier arc. On en fait

---

points sont les *foyers* de la courbe. Puis on prend un fil bien uni, de la longueur AB, et l'on fixe les deux extrémités aux points o' et o''. On tend ce fil avec un crayon ou une plume, et si on le fait glisser le long de ce même fil, toujours bien tendu, en allant d'abord vers D, puis vers C, on tracera l'ellipse. C'est de cette manière que les jardiniers établissent cette courbe, qu'ils appellent aussi *ovale*, en substituant un cordeau au fil. Observons en passant que c'est mal à propos qu'on confond l'ellipse avec l'ovale ; cette dernière courbe a la forme d'un œuf, d'où elle prend son nom.

autant pour le second, c'est-à-dire qu'on élève à
c D une perpendiculaire au point *c*, dont l'intersection avec celle élévée au milieu de la corde *b c*
est aussi le centre du second arc.

L'opération serait la même si un angle était
rentrant et un autre saillant ; toute la différence
qu'il y a c'est que les centres se trouvent opposés.

Enfin l'ingénieur étant généralement le maître
de la forme à donner aux courbes, il préfère souvent l'arrondissement parabolique à la courbe circulaire, et dans la pratique on assujétit rarement
le tracé de cette courbe aux lois de la géométrie ;
on est dans l'usage d'opérer comme il suit :

F. 126. On divise A B, A C, en un même nombre de
parties égales (*), et on joint les points de division
de la première avec ceux de la seconde, c'est-à-
dire qu'on mène les lignes B 1 , *c* 2 , *d* 3 , *e* 4 , etc.
L'intersection de la ligne qu'on trace avec
celle qu'on a conduite immédiatement avant, est
un des points de la courbe ; tels sont les points
k , *l* , *m* . . . . . .

Quant au développement de cette courbe,
comme de toute autre à peu près semblable, le
plus simple, et peut-être le plus exact en pratique,
est de la mesurer sur le terrain en appliquant dessus un cordeau, ou une chaîne flexible, comme
sont celles des tourne-broches. (Voir le n° 103 ,
pour la surface du segment parabolique).

(*) Plus les divisions seront petites, mieux la courbe sera
tracée.

ABORNEMENS.

108. Un abornement est un travail délicat auquel celui qui en est chargé doit donner le plus grand soin.

L'utilité d'un bornage est bien reconnue : on lit à cet égard dans l'ouvrage de Bosc : « La première « chose qu'un père de famille honnête et sage « doive faire quand il entre en possession d'un « domaine, c'est d'en faire vérifier le bornage par « autorité légale, en appelant tous les propriétai- « res riverains, ou de faire cet abornement s'il « n'existe pas. Combien de procès il évitera par ce « moyen ! »

(Voir la seconde remarque du n° 111).

Avant d'indiquer l'opération géométrique, je vais parler des bornes, et rappeler quelques dispositions relatives au bornage des propriétés et à leurs clôtures.

Bornes. — La forme des bornes n'est pas la même dans tous les pays ; mais en général ce sont des pierres plus ou moins grosses et assez souvent brutes que l'on met en terre pour séparer les propriétés (*).

(*) On était autrefois dans l'usage de placer sous les bornes, comme signes de reconnaissances, des morceaux de tuiles, d'ardoises, des petites pierres et même du charbon ; cette précaution paraît être abandonnée, mais on ne doit pas négliger de rattacher la position de ces bornes à des points de repères, pour qu'on puisse en retrouver la place si elles étaient enlevées.

Les bornes se placent ordinairement aux angles des pièces : alors elles servent pour le bout et le côté ; quelquefois l'usage est de les mettre à quelque distance de l'angle.

Enfin, on en place aussi assez souvent sur la longueur, surtout lorsque les limites sont courbes (fig. 123).

Bornage. — Ainsi qu'on vient de le dire, c'est ordinairement avec des bornes en pierre qu'on fait un bornage (dans certaines localités la pierre est remplacée par le bois), et l'on doit toujours dresser un procès-verbal de leur plantation, sans omettre celles qui peuvent n'être pas apparentes (car on en place assez souvent qui ne paraissent pas), et dont on a dù prendre aussi la distance à des points fixes.

Il peut aussi être arrêté entre les propriétaires, par convention écrite, qu'une haie ou certains arbres leur serviront de limites; dans ce cas la haie ou les arbres deviennent mitoyens. (Voir le n° 109, art. *Haies et plantations*).

Personne n'a le droit de borner soi-même ses propriétés ; mais tout propriétaire peut obliger ses voisins au bornage : l'opération se fait à frais communs, et le demandeur en fait l'avance quand il n'y a point accord.

La demande en bornage n'est point sujette à la prescription ; et l'on ne peut le provoquer s'il existe des limites fixes, telles qu'un chemin public, une rivière ou autres confrontations invariables.

(Voir le numéro suivant pour ce qui concerne les clôtures).

Le bornage se fait suivant les titres de propriétés, ou, a défaut de titres, selon la jouissance.

Si la contenance d'un champ est trop forte de la même quantité que la pièce voisine est trop faible, la première restitue à cette dernière, et si ces pièces d'héritages ont l'une et l'autre trop ou moins de contenance, il peut être convenu qu'on répartira proportionnellement : tel est l'avis des jurisconsultes distingués ; mais celui qui a moins que sa mesure ne peut réclamer *judiciairement* que jusqu'à concurrence de ce que son voisin a de trop, et encore si celui-ci invoque *la prescription*, la restitution n'a pas lieu, alors même qu'il serait prouvé que le terrain qui excède la contenance donnée par le titre de l'un faisait partie du terrain de l'autre, dès que le premier possède paisiblement depuis 30 ans (*).

Enfin, un propriétaire qui a *son compte* ne peut réclamer de la pièce contiguë qui a une contenance plus forte que ne porte son titre ; et si les deux propriétaires ont du plus ou du moins, ils peuvent rester l'un et l'autre dans leur jouissance.

Quant à l'action pour déplacement de bornes, usurpations de terres, arbres, haies, fossés, ainsi

---

(*) Cependant on cite un arrêt de la cour royale de Paris du 28 février 1821, portant que la prescription ne peut être invoquée dans le cas où il est reconnu que la possession est le résultat d'une anticipation faite graduellement en cultivant.

La difficulté est de pouvoir administrer cette preuve.

que toutes autres actions possessoires, elles sont, jusqu'à présent, portées devant le juge de paix de la situation de l'objet litigieux (*).

109. *Remarques sur la clôture des propriétés.* Tout propriétaire peut clore son terrain s'il n'y a aucun droit de servitude qui l'oblige à le tenir ouvert.

La clôture peut être un fossé, une haie ou un mur (**).

Fossés. — Le fossé appartient à celui sur le terrain duquel se trouve la jetée des terres, à moins de titres contraires. Si cette jetée est des deux côtés, le fossé est *mitoyen*, et un fossé est réputé

(*) Lorsqu'une borne est reconnue douteuse, il ne faut pas la lever sans une permission des deux propriétaires voisins qui sont en contestation, ou une ordonnance du juge compétent, car il y a différentes peines contre ceux qui arrachent ou qui transposent des bornes. D'après les lois qui nous régissent, quiconque aura en tout ou en partie comblé des fossés, détruit des clôtures, de quelques matériaux qu'elles soient faites, coupé ou arraché des haies vives ou sèches; quiconque aura supprimé ou déplacé des bornes, pieds corniers ou autres arbres plantés et reconnus pour établir la limite entre différens héritages, sera puni d'un emprisonnement qui ne pourra être au dessous d'un mois, ni excéder un an, et d'une amende égale au quart des restitutions et des dommages-intérêts, qui, dans ce cas, ne pourra être au dessous de 50 francs.

(**) On fait beaucoup de clôtures dans les pays de métairies, et surtout dans ceux où l'éducation et l'engraissement des bestiaux font l'occupation principale du cultivateur. Les clôtures facilitent la garde des bestiaux, et les haies vives fournissent du bois pour le chauffage du métayer.

mitoyen s'il n'y a titre ou marque contraire. Il en est de même quand il n'y a pas de trace du rejet des terres, si l'un des propriétaires ne produit point de titres.

Quant à la construction de ces fossés, on lit dans quelques auteurs qu'il faut que le propriétaire du fossé laisse 0 ^{m}, 32 (un pied) de large de son propre terrain du côté du voisin, mais le Code n'en parle pas ; la distance dont il est question est ordinairement réglée par l'usage des lieux, et de manière que sa véritable limite ne puisse être dégradée par l'éboulement des terres dans le fossé, et cette distance dépend encore de la profondeur du fossé, de la pente du talus et de la nature des terres : ainsi, c'est donc l'usage qu'il faut consulter pour connaître la distance qu'il doit y avoir entre la jetée (ou la berge) et la limite de la propriété, et cette berge, dit Fournel, doit être supposée, alors même qu'elle n'est pas apparente.

En cas de doute sur la mitoyenneté d'une clôture quelconque, la propriété, disent encore plusieurs auteurs, peut être donnée à celui qui a intérêt de se clore, comme au propriétaire d'un verger, d'un jardin, etc. ; c'est une conséquence de l'art. 670 du Code civil : si le fossé est mitoyen, la limite entre les deux propriétés s'établit au milieu, parce que chacun est censé avoir fourni le terrain nécessaire à sa construction.

Lorsqu'un propriétaire fait curer un fossé qui lui appartient, il doit mettre les immondices de son côté, et il ne peut rien planter sur le petit espace de terrain qui se trouve entre ce fossé et la véritable limite de sa propriété , parce que cette plantation ne serait pas à la distance légale, comme on le verra ci-après.

Quant aux réparations des fossés mitoyens, il est évident qu'elles doivent être faites à frais communs entre les deux propriétaires; que les immondices du curage doivent être déposées moitié d'un côté et moitié de l'autre, et que si ce fossé produit du poisson, chacun doit en avoir sa part en proportion de ses droits à la mitoyenneté.

Les fossés ou ruisseaux naturels qui servent à l'écoulement des eaux sont mitoyens avec les propriétaires; il n'est pas permis à ceux-ci de les supprimer.

La limite des propriétés riveraines des routes est ordinairement le bord extérieur des fossés dont elles sont bordées en plaine; quand ces routes sont en déblais ou encaissées, leur limite est la crête supérieure du talus, et lorsqu'elles sont en remblais ou en levées, c'est le pied du talus.

Si les routes sont bordées d'arbres, ces arbres sont plantés, soit sur le terrain de la route, soit sur celui des riverains : dans le premier cas, ils appartiennent à l'état ou au département, selon que la route est royale ou départementale, et dans le second cas ils doivent être à six pieds (2^m.) de la limite de la route, et ils appartiennent aux riverains, qui ne peuvent cependant en disposer soit pour les élaguer, soit pour les abattre, qu'après en avoir obtenu l'autorisation du préfet, à moins que les arbres ne soient tout-àfait morts ou couronnés sur au moins 2ᵐ de hauteur ; auquel cas les ingénieurs peuvent en autoriser l'arrachage sous condition de remplacement.

Quant à la législation relative aux chemins vicinaux, il faut consulter la loi du 21 mai 1836. Toutefois les chemins destinés au halage le long des fleuves et rivières doivent avoir, du côté des chevaux, 7ᵐ, 8 sur les propriétés ouvertes, et 6ᵐ, ¾ vis-à-vis des clôtures. Le marche-pied, du côté opposé, doit avoir 3ᵐ, ¼ de largeur, et le sentier le long de la rivière 1ᵐ, 3.

Enfin, celui qui est chargé d'un partage doit prendre toutes ces remarques en considération dans l'arpentage qu'il fait de ces terrains, et dans leur évaluation.

Haies vives et plantations.— Les arbres à hautes tiges doivent être à *deux mètres* de la limite ; les autres arbres et les haies vives en sont à *un demi-mètre* ; on doit aussi y avoir égard en faisant l'arpentage.

La haie sèche se place sur la limite ; si elle est mitoyenne, sa largeur est prise par moitié sur les deux terrains.

Toutefois ces décisions du Code ne sont applicables qu'à défaut de réglemens et d'usages locaux, auxquels on se conformera probablement encore long-temps, et dans tous les cas ces règles n'ont été déterminées que dans la supposition où il n'y a point de conventions écrites entre les deux propriétaires voisins, et ne reçoivent pas non plus leur application lorsqu'il y a servitude légitimement acquise.

La haie vive, toujours placée à quelque distance de la limite, appartient au propriétaire du terrain sur lequel elle se trouve ; mais si elle est sur la ligne de division, elle est réputée mitoyenne si l'un des propriétaires n'y oppose pas de titres contraires ; néanmoins l'art. 670 déjà cité dit aussi que si l'un des deux terrains est susceptible de clôture, la haie, quoique sur la limite, sera, à défaut de titres, présumée appartenir au propriétaire du fonds qui peut être clos. Ainsi cette décision peut, dans certains cas, laisser de l'incertitude sur son application avec celle qui établit la *mitoyenneté* à défaut de titre.

On voit fréquemment une haie plantée sur le bord d'un fossé dont le rejet des terres se trouve entièrement du côté de la haie ; dans ce cas, la haie appartient au propriétaire de l'héritage qu'elle sépare du fossé.

Le propriétaire d'une haie, vive ou sèche, en dispose comme bon lui semble ; il peut la détruire si cela lui convient, et personne n'a le droit de s'y opposer : mais si la haie est mitoyenne, toutes les dépenses de plantations, d'entretien et de réparations sont supportées par les propriétaires selon leur droit à la mitoyenneté, et le produit des bois, des fruits, s'il y en a, doit être partagé dans la même proportion.

Enfin il n'est pas rare de voir les racines et les branches des arbres plantés à la distance légale s'étendre sur le terrain voisin ; mais, en vertu du Code civil, celui qui trouve ces racines dans son héritage peut couper celles qui lui sont nuisibles ;

et quant aux branches, il ne peut les couper sans autorisation ; il ne paraît même pas autorisé à prendre les fruits qui tombent sur son terrain ; néanmoins il y a des réglemens locaux qui lui en donnent la propriété ; toutefois, à défaut de réglemens et d'usages particuliers, le propriétaire du terrain sur lequel ces fruits sont tombés, pourrait, conformément à la loi *romaine*, se les approprier, si le propriétaire de l'arbre ne venait pas les enlever pendant les trois jours qui suivent leur chute. La difficulté est de pouvoir exécuter cette disposition quand le terrain est clos et qu'il n'y a pas un bon accord entre les voisins.

Au surplus, par une conséquence de l'art. 552 du Code civil, portant que la propriété du sol donne celle de toute la place qui s'élève verticalement, il semble qu'un propriétaire a le droit de faire couper les branches qui viennent de la propriété voisine, quelle que soit leur élévation au dessus du terrain.

Murs mitoyens. — Le mur mitoyen est celui qui est fait sur la limite de deux héritages; son épaisseur est prise par moitié sur le terrain de chacun, et les frais de construction se partagent en raison des droits à la mitoyenneté; mais si toute l'épaisseur du mur est entièrement sur un seul terrain, ce mur appartient au propriétaire de cet héritage.

Du reste, on reconnaît qu'un mur est mitoyen quand il est terminé par un chaperon à deux pentes ; c'est-à-dire, qu'alors il a deux égoûts qui versent les eaux autant d'un côté que de l'autre.

Ainsi , lorsque le mur n'est terminé que par un égoût, et que par conséquent les eaux ne sont déversées que d'un côté, le mur n'est pas réputé mitoyen , à moins de titres contraires , et il en est de même lorsqu'en construisant ce mur on y a mis des pierres de saillie et autres marques d'un seul côté : le propriétaire de l'héritage qui regarde cette façade du mur est seul censé avoir participé à sa construction.

Celui qui fait bâtir contre un mur mitoyen doit retirer les eaux sur lui, c'est-à-dire, qu'il doit les recevoir dans une gouttière, un chenal, etc. , sans que le toit fasse saillie vers le voisin , afin que l'eau ne tombe pas sur la propriété de celui-ci : c'est encore un indice propre à reconnaître si le mur est mitoyen ou s'il ne l'est pas.

Les propriétaires d'un mur mitoyen doivent veiller à sa conservation , le réparer et même le reconstruire à frais communs , c'est-à-dire] chacun selon son droit, et l'on entend par réparation ou reconstruction celles qui sont occasionnées par la vétusté ou par des accidens indépendans de la volonté ou de la prévoyance de l'un des propriétaires ; mais si la dégradation est causée par la faute de l'un d'eux , celui-ci doit tous les frais de réparations, et peut y être contraint.

En général un mur mitoyen doit être réparé lorsqu'il peut donner des craintes sur sa solidité, comme quand il s'y trouve des lézardes ou crevasses ; lorsque le chaperon est endommagé ; que le mur est incliné, ou qu'il y a des renflemens, etc. Toutefois un propriétaire peut se dispenser de contribuer aux frais de réparations en abandonnant son droit à la mitoyenneté (*), excepté cependant pour le cas où le mur mitoyen soutient des bâtimens appartenant à ce dernier.

Enfin il y a aussi des règles pour la plantation des arbres le long des murs ; ces règles dépendent encore des localités ; mais dans tous les cas la distance à donner du mur à l'arbre se prend du milieu de ce mur au milieu du pied de l'arbre. A Paris cette distance est d'un demi-mètre. (Voyez l'article précédent, *Haies vives, et plantations.*)

(*) Ce principe peut être appliqué aux haies possédées en commun.

D'un autre côté, si l'un des propriétaires veut élever le mur mitoyen il en a le droit en faisant le travail à ses frais, et en donnant à son voisin une indemnité fixée à l'amiable ou par arbitres. (Cette indemnité est basée sur ce que ce mur exhaussé durera moins de temps que s'il était resté dans son état primitif.) Alors la partie élevée devient la propriété de celui qui en a fait la dépense.

Il est aussi à remarquer que, dans les villes et faubourgs, celui qui veut entourer son terrain d'un mur a le droit d'exiger du propriétaire de l'héritage contigu au sien que celui-ci contribue pour moitié à la construction de ce mur, dont l'épaisseur sera prise par moitié sur chaque terrain. Mais celui qui provoque la clôture ne peut demander que la moitié de la dépense d'une clôture ordinaire, et il en est de même pour l'entretien et les réparations.

Cette décision, pour les villes et les faubourgs, ne s'applique point aux clôtures faites par un fossé ou une haie ; celles-ci ne se font à frais communs que du consentement des deux propriétaires.

Tour d'échelle, ou échellage. — Le mot indique assez que l'échellage est le droit qu'on a de placer des échelles sur le terrain voisin, pour pouvoir réparer un mur ou le toit d'un bâtiment.

Le Code civil ne parle point de cet objet ; mais il résulte de l'article 691 de ce Code qu'une servitude ne pouvant être établie sans titre, il faut une convention écrite pour avoir droit à l'échellage sur l'héritage voisin.

L'échellage, comme on voit, est un espace que le propriétaire laisse entre la limite de sa propriété et le mur qu'il fait bâtir.

Lorsqu'il est question de reconnaître un droit d'échellage, si le titre n'en indique pas la largeur, il faut se conformer aux réglemens de la localité, puisque le Code n'en dit rien, et s'il n'y en avait pas, on suivrait l'usage du pays. A Paris, par exemple, la largeur de l'échellage d'un mur et d'une clôture de peu d'étendue est de *un mètre :* elle est de *deux mètres* lorsqu'il s'agit de la clôture d'un parc ou d'un grand enclos, si elle n'est pas fixée par titres (*).

Puisqu'il faut un titre pour avoir droit au terrain de l'échellage, il est nécessaire que celui qui prend ce droit fasse constater contradictoirement avec le voisin, soit à l'amiable ou de toute autre manière, au moment de la construction du mur,

---

(*) La cause de cette largeur étant la même, on ne voit pas bien le motif de la différence de 1^m à 2^m ; et d'ailleurs quelle sera la *limite* des clôtures de peu d'étendue ? Il me semble que cet objet mérite bien d'être fixé.

que l'échellage, de *tant* de longueur sur *tant* de largeur dépend du terrain sur lequel ce mur est placé.

Enfin, si à son tour le voisin faisait ensuite un mur pour se clore, il en résulterait une *ruelle* entre les deux murs, et si ce dernier propriétaire s'est également retiré sur son terrain, cette ruelle sera mitoyenne et chacun aura droit à la moitié de sa largeur; mais si ce dernier mur est bâti sur la limite, toute la ruelle appartiendra au premier, et le propriétaire du second mur ne pourra point faire de chaperon au sien du côté de la ruelle, afin que les eaux n'y tombent pas, et dans ce cas, le propriétaire de ce terrain doit donner assez de pente à la ruelle pour l'écoulement des eaux. Telle est l'opinion des personnes qui ont écrit sur cette partie.

NOTA. A toutes les règles posées aux différens paragraphes de ce n° 109, on peut opposer la prescription légale.

D'ailleurs, on fera bien, si l'on a besoin de plus de détails, de consulter les ouvrages publiés sur ces matières.

Caractère d'un rapport, ou procès-verbal d'expertise concernant l'évaluation des biens et la formation des lots d'un partage.

110. Puisque l'arpenteur goédésiste peut être chargé d'opérations qui exigent un rapport raisonné (33), je vais indiquer la marche à suivre dans sa rédaction; toutefois un rapport n'étant

qu'une constatation de faits , on ne peut guère en donner de modèle, à cause que les circonstances qu'il faut décrire varient à l'infini (*) ; mais on peut indiquer les choses essentielles, et de forme, qu'il doit contenir dans son préambule, et l'ordre, dans lequel ces choses doivent être exprimées.

Les experts peuvent être nommés en vertu d'un jugement contradictoire, ou d'un jugement par défaut, passé en force de chose jugée (**), ou bien ils sont choisis amiablement par les parties intéressées; et dans les deux premiers cas ils prêtent serment.

Les experts font le préambule de leur rapport avant de commencer leurs opérations ; ils doivent énoncer , dans ce commencement d'acte, la date

____

(*) Voir cependant , au n° 112, l'acte d'un bornage fait à l'amiable.

(**) Dans une expertise où des mineurs y sont intéressés , il y a trois experts: dans le cas contraire, il peut n'y en avoir qu'un ou deux, selon la demande des parties; et deux experts peuvent avoir le pouvoir d'en nommer un troisième. Alors celui-ci doit prendre connaissance de l'objet pour lequel il est nommé, et se ranger à l'avis qui lui paraît conforme à l'équité, au lieu de départir les deux premiers. Au surplus, il faut qu'un expert se pénètre bien qu'il doit se dépouiller de toute partialité, et ne pas soutenir les intérêts de la partie qu'il représente au préjudice de ceux de son adversaire.

Lorsque les experts nommés par jugement ne sont pas d'accord , ils ne font mention, dans leur rapport, que du seul avis de la majorité des voix ; mais s'il n'y a pas de majorité, soit qu'il y ait deux ou trois experts, on fera connaître les motifs des divers avis , sans toutefois nommer les auteurs des différens avis.

du jugement qui les nomme, et dire de quel tribunal il émane; on doit aussi y faire mention des noms, prénoms et demeures des demandeurs et des défendeurs; de la date de la signification qui a été faite aux parties, et de celle de la prestation de serment, en indiquant encore devant quel juge ce serment a été prêté, et si les parties étaient présentes ou représentées.

On rappellera sommairement les faits de la cause, et les experts diront à quelles fins ils ont été nommés, c'est-à-dire, qu'ils indiqueront le but de leur mission; et, pour plus de précision à cet égard, ils transcriront le dispositif du jugement en ce qui concerne l'objet dont ils sont chargés.

Si les experts prêtent serment le même jour devant le même juge, ou à l'audience, ils doivent désigner dans ce préambule le lieu, le jour et l'heure de leur réunion pour commencer leurs opérations; mais s'ils prêtent serment séparément, devant des juges, et dans des endroits différens, ils s'entendront subséquemment pour indiquer ces lieu, jour et heure, et en feront part à l'avoué poursuivant, afin que celui-ci puisse faire les diligences nécessaires et en prévenir régulièrement les parties pour qu'elles assistent à ces opérations, si bon leur semble.

Voilà pour le cas où les experts sont nommés par un jugement. S'ils sont choisis amiablement par les parties, celles-ci peuvent faire tout ce qui n'est pas défendu par la loi, et la loi ne défend que ce qui nuit à autrui, et blesse les mœurs.

Elles peuvent donc, si elles sont majeures, et si elles savent toutes signer (*), par un compromis explicatif de leurs intentions, fait devant notaire, ou sous seing-privé, donner pouvoir aux experts de procéder à *telles* et *telles* opérations, et ceux-ci peuvent intervenir dans cet acte de leur nomination pour déclarer qu'ils acceptent leur mission et y indiquer immédiatement le commencement de leur travail.

Si les parties veulent faire le dépôt du sous seing-privé, cet acte indiquera l'étude du notaire, ou le greffe qu'elles auront choisi pour ce dépôt, et le compromis renfermant les pouvoirs donnés aux experts, ou à l'arpenteur s'il s'agit seulement d'un bornage, et formant aussi le préambule du procès-verbal, n'a pas besoin d'être soumis à l'enregistrement avant le rapport définitif duquel il fait partie.

Telle est la marche qui paraît la plus simple, la plus expéditive, et la moins coûteuse ; on doit la conseiller toutes les fois qu'elle est praticable, c'est-à-dire quand toutes les parties sont présentes, d'accord et majeures.

Ainsi, en récapitulant, soit que la nomination des experts vienne d'un jugement contradictoire ou d'un compromis passé entre les parties, le procès-verbal, doit toujours commencer par l'exposé des faits de la cause et l'énoncé des opérations

---

(*) Tout acte sous seing-privé qui n'est pas signé par toutes les parties est nul, à moins que l'arpenteur, ou l'expert, ne tienne sa mission d'un jugement contradictoire.

à effectuer (c'est le préambule du rapport). Aux jour et heure fixés par le procès-verbal de prestation de serment, ou par le compromis, ou par tout autre moyen rapporté au préambule, les experts, ou l'arpenteur, se transportent sur les lieux qu'ils ont indiqués ; et si les parties sont présentes, ou représentées par leurs avoués ou d'autres fondés de pouvoir, il en est fait mention à la suite de la première partie du rapport, déjà écrite avant d'aller où l'opération doit être faite.

Les pièces remises sont constatées, ainsi que les dires, réquisitions et observations que les parties ou leurs fondés de pouvoir veulent faire, et les experts donnent à ces observations la forme convenable, si les intéressés ne peuvent le faire eux-mêmes, ou bien ils les transcrivent sous la dictée des parties ou de leurs représentans : ces transcriptions des dires et observations doivent être signées séance tenante par leurs auteurs seulement : toutefois, si l'une ou plusieurs des parties faisaient défaut, les dires et réquisitions de la partie présente n'en seraient pas moins reçus et consignés au rapport.

Enfin les experts ont tels égards que de raison à ces observations ; ils ne les jugent pas, mais ils peuvent et doivent même, dans plusieurs circonstances, s'expliquer sur leur contenu, et sur l'objet auquel ils se rapportent.

Avant de procéder à la visite des lieux, s'il s'agit d'estimation, les experts doivent s'entendre sur les bases qu'il convient d'adopter, et consigner ces bases dans leur procès-verbal (note du n° 33).

Ils procèdent ensuite à la visite de chaque objet séparément, et prennent toutes les notes qu'ils jugent convenables pour faire une juste application des bases par eux arrêtées; et lorsque tous les objets soumis à leur investigation ont été visités, ils constatent sommairement cette partie de leurs opérations, ainsi que le nombre des vacations par eux employées jour par jour (*). Les experts font en commun les travaux nécessaires pour connaître la valeur de chaque objet par eux visités, ainsi que la masse totale des biens; ou ils en chargent l'un deux seulement : ce dernier mode est souvent préférable, parce que le travail se fait avec plus d'ensemble et plus régulièrement par un seul que par plusieurs.

La masse, ainsi connue, est transcrite avec détail au rapport; chaque objet est désigné par sa *situation*, sa *nature*, sa *contenance* et ses *confrontations*. L'estimation se fait à *tant l'are*, et le résultat de l'évaluation est clairement indiqué.

(*) Une vacation est un travail continu de trois heures, et l'on peut en faire deux, trois et même quatre dans un jour. Le prix de la vacation varie selon la profession de l'expert; elle est de 8 fr. pour l'arpenteur, dans le département de la Seine, et de 6 fr. pour les autres départemens. Le cultivateur expert ne reçoit que 4 fr. pour la Seine et 3 fr. pour les autres départemens. Ces prix sont pour le cas où les experts opèrent dans la distance de deux myriamètres (une demi-lieue de poste) de leur domicile; et dans le cas contraire, ils reçoivent une indemnité pour frais de voyage et nourriture.

Enfin, le tribunal peut diminuer le nombre des vacations s'il pense que les experts en portent trop.

Si ce travail a été fait par un seul expert, les autres se réunissent à lui pour l'examiner, le vérifier, le modifier ou l'approuver, s'il y a lieu, et l'on fait mention de cette réunion au rapport, ainsi que du nombre de vacations employées tant par l'expert chargé seul des détails dont il s'agit, que de celles qui sont communes à tous les experts.

On doit encore dire dans le procès-verbal si la masse des biens, ainsi détaillée, est ou non commodément partageable (même note précitée) ; dans le cas de la négative, l'opération est terminée, et dans l'affirmative, les experts s'occupent de la formation des lots.

Cette opération délicate exige une attention toute particulière : car bien que l'estimation ait été faite avec soin ; que l'on ait donné à chaque objet sa valeur réelle, et que l'on ait observé entre eux une proportion aussi exacte qu'il a été possible de le faire, il peut encore surgir des erreurs dans le travail. Toutefois on en diminuera les chances par les considérations suivantes : d'abord, en ne perdant point de vue le dispositif du Code (2e paragraphe de la note du n° 33) ; c'est-à-dire que si la masse des biens se compose d'un grand nombre de parcelles situées sur le territoire d'une même commune, les experts doivent avoir soin, autant que cela leur sera possible, de faire entrer dans chaque lot la même quantité de terre, de prés, de vignes, bois et vergers, etc., et que chacune de ces différentes natures soit aussi approximativement d'une égale valeur dans chaque lot.

D'un autre côté, si la masse des biens à partager se compose d'un certain nombre de petits domaines disséminés dans différentes localités plus ou moins éloignées les unes des autres, et si ces domaines sont loués à différens fermiers par des baux dont l'expiration soit aussi plus ou moins reculée, on doit faire en sorte de régler les lots de manière qu'il entre dans chacun d'eux des biens loués à courte échéance et à long terme, afin de laisser à chaque lot la chance de renouveler un bail avec avantage, ou de tirer un meilleur parti de la propriété à l'expiration du bail courant : par ce moyen chaque lot se trouve avoir la même chance pour les échéances ; et c'est en ayant égard à toutes ces circonstances qu'on arrivera à mettre les lots en égalité de valeur, et de revenu net.

Il reste alors à désigner ces lots au procès-verbal ; cette désignation doit être sommaire, et pourtant il faut qu'elle soit claire et précise.

S'il s'agit de domaines ou marchés non divisés, il suffit de dire que *tel lot* sera composé :

1° Du domaine, ou marché, porté à la masse générale sous le n°........., tenu à bail par.... fermier, comprenant *tant* de parcelles, formant ensemble une contenance de........, et dont l'estimation se monte à........ (l'estimation est portée en chiffres et hors ligne, et la contenance est toujours exprimée en hectares, ares et centiares.)

2° Du domaine de........, etc.

Mais si ce sont des parcelles louées, ou non louées, la désignation se fait comme il suit :

Tel lot sera composé, 1° d'une pièce........

formant l'art......... de la masse, située à....
.... contenant ...., estimée.........
  2° D'une autre pièce........, etc.

Les lots étant ainsi formés, la somme de leur valeur partielle devra nécessairement être égale à celle de la masse : cependant il peut arriver que ces lots ne soient pas d'une valeur égale; dans ce cas celui qui a plus que son *compte* rapporte au lot qui a moins. Ces rapports se nomment *soultes* ou *retours*, et se paient en argent ou en rentes (note du n° 33).

Enfin, lorsque les lots sont balancés et que les retours à payer et à recevoir sont fixés, le travail des experts est terminé.

Remarque. — Si l'opération s'est faite à l'amiable, les parties peuvent faire le tirage au sort, et reconnaître à la suite du procès-verbal d'estimation, et de la composition des lots, que le sort a attribué à........, le lot n°........ ; à....... celui n°........, etc., et cette déclaration vaut comme sous seing-privé.

Il en est de même quand les experts sont nommés par jugement, s'il n'y a pas de réclamation contre la formation des lots, et si toutes les parties sont majeures, et jouissent de leurs droits civils; mais, dans le cas contraire, le procès-verbal devra être déposé au greffe du tribunal qui a ordonné l'opération, ou dans tout autre lieu désigné par le jugement (*).

(*) Les experts ne peuvent retarder ou refuser de faire ce dépôt sous peine d'y être contraint, sans conciliation préalable, par le tribunal qui les a commis.

Quant à la remise des titres dont il est question à la note du n° 33, le procès-verbal doit en faire mention à la suite de l'attribution des lots à *tel* ou *tel*, soit que le tirage au sort se fasse par les parties entre elles, ou devant un juge, et désigner le désipositaire de ces titres.

NOTA. On a vu ci-dessus que quand les experts sont nommés d'office ils sont payés par vacation; si les parties en contestent le nombre et par conséquent le paiement, le tribunal juge la difficulté sur l'état qui lui est présenté. Cet état peut être rédigé dans la forme de celui-ci : je supposerai trois experts.

DATES des VACATIONS.	OBJET DES VACATIONS.	PIERRE	JACQ.	ADT.
		cultivateurs		arp.
2 juin 1835.	Prestation de serment à.....	1	1	1
20, 21, 22, 23 juin....	Réception des dires et observations des parties........	32	32	32
1, 2, 3, 4, 5, 6 juillet....	Visite des lieux, estimation des biens............			
10, 11, 12, 13 juillet....	Travaux et calculs préparatoires pour l'établissement de la masse des biens.....	»	»	12
20, idem...	Examen en commun de la masse des biens par les trois experts............	3	3	3
21, 22, id....	Transcription de la masse des propriétés au rapport......	»	»	4
30, 31, id....	Composition des lots.......	6	6	6
3 et 4, août..	Transcription des lots au rapport............	»	»	4
	Lecture en commun de ce rapport avant la signature.....	1	1	1
	Dépôt du rapport effectué par l'arpenteur............	»	»	1
	Total des vacations.	43	43	64

111. L'arpenteur étant très souvent appelé pour faire le bornage à l'amiable de plusieurs propriétés (108), d'après la contenance des titres, je vais m'occuper de l'opération qui doit précéder la fixation des limites (*).

Si l'on veut borner les héritages renfermés dans le canton A B C D, on pourra arpenter chaque pièce séparément, ou bien on opérera comme il suit :

F. 127.

Après avoir fait mettre des jalons aux sinuosités et aux angles des lignes de séparation, on établira une ligne B F, à peu près au milieu du terrain, en la choisissant, toutefois, le plus près possible de la limite sinueuse E n H o k.

Au point E on élevera sur E F une perpendiculaire que l'on prolongera de part et d'autre, si le

---

(*) Celui qui est chargé de ce travail doit, avant de commencer son opération, engager les parties à faire un compromis afin d'éviter les difficultés qui pourraient s'élever ; et l'on a vu au numéro précédent que ce compromis peut être fait chez un notaire et même sous seing-privé, si toutes les parties savent signer, et que dans l'un comme dans l'autre cas, on doit y désigner les héritages dont il faut faire le bornage, et le nom de l'arpenteur auquel on donne pouvoir de fixer les limites de ces différentes parcelles , qu'il faut avoir soin de désigner au moins par deux aboutissans. Les parties ayant fait choix d'un arpenteur qui a leur confiance, devront, dans leurs intérêts bien entendu, donner pouvoir à celui-ci , non seulement de juger les difficultés qui pourraient survenir pendant l'opération, mais encore s'interdire, par cet acte, toute réclamation contre le travail de l'arpenteur. Quand le compromis est fait sous seing-privé, chaque partie contractante en aura une copie signée de tous.

terrain le permet (ici cette perpendiculaire tombe sur le jalon D, et au point *a* sur la rivière).

On mesurera sur *a* D, et l'on déterminera les points A, *c*, par les petites traverses perpendiculaires A *b*, *c d*; on chaînera sur l'alignement E F, et l'on arrêtera, en passant, les coudes *n*, *o*; on élèvera sur le jalon G une perpendiculaire que l'on prolongera de l'autre côté en *e*; on mesurera *g* G, la perpendiculaire *i* B, et l'on tracera l'alignement *a* B pour fixer les sinuosités de la rivière; on mesurera aussi *e g*, l'alignement *e d*, la perpendiculaire *s* I, et les traverses sur *e d*. On pourra encore, si le terrain le permet, élever sur *e g*, la perpendiculaire *l* C, à laquelle on en élèvera d'autres qui fixeront les sinuosités du chemin de Vaugelas.

Enfin, on mesurera C *k* pour déterminer le ruisseau, en opérant de la même manière (*).

Tous les mesurages étant faits sur le terrain seront cotés au canevas, comme on le voit dans la figure, et l'on fera le calcul de chaque pièce d'après les cotes écrites. (Voir le type de ce calcul au n° 94 de mon guide pratique).

On trouvera que la pièce A H contient 69ᵃ,04ᶜ

<pre>
Celle E I........ 94 59
   —   G k........108 67
   —   C H........147 32
                  ─────────
          Total...419 62
</pre>

Cette opération étant faite, on s'occupe du relevé des titres ; et supposons qu'on trouve pour la 1re pièce 1 $^{arp.}$ 8 $^{coup.}$ $=$ 180 perches (*)

2^e	2	3	$\frac{3}{4}$	$=$ 250
3^e	2	9	$\frac{3}{4}$	$=$ 304
4^e	3	9	$\frac{1}{2}$	$=$ 410

Si la perche est de 18 pieds 4 pouces de longueur, on convertira ces mesures en *ares* en les multipliant par 0^a.3547 qu'on trouve dans la table pour la valeur d'une perche carrée de 18 pieds 4 pouces ; et si l'on n'a pas de tables de réduction entre les mains, on obtiendra ce rapport en faisant le produit du pouce carré (0,0007328) par 48400, nombre des pouces carrés de 18 pieds 4 pouces (**).

On aura donc

$$0^a,3547 \times \begin{cases} 180 = 63^a,85^c \\ 250 = 88 \ 67 \\ 304 = 107 \ 83 \\ 410 = 145 \ 43 \end{cases}$$

Total 405 78 au lieu de 419,62 trouvé par l'arpentage ; ainsi la différence entre le terrain et les titres   est de 13 ares 84 centiares.

---

ceux des chemins, ruisseaux, etc. Enfin , il faut s'entourer de renseignemens propres à faciliter la reconnaissance du bornage que l'on peut être appelé à faire par la suite (113).

(*) L'arpent est ici supposé de 108 perches carrées se divisant en 12 coupées de 9 perches chacune.

(**) Ou, ce qui revient au même, on multipliera la valeur du pied carré (0,1055) par le carré de 18 $\frac{1}{3}$ (336,2), et l'on aura également 0,3547.

Cette différence doit être répartie proportionnellement sur chaque contenance, si l'on n'a pas de raison pour faire la distribution différemment.

Cependant cette règle, qui paraît d'abord de toute justice, peut avoir des exceptions (104).

Si les parties conviennent de répartir par proportion de contenance, on connaîtra ce que chaque pièce doit avoir de cette augmentation, en divisant 1384 par 40578, et en multipliant le quotient 0,034 par la contenance de chaque titre, convertie en *ares* ; ce qui donnera

		augmentation.	TOTAL.
$0,034\times$	6385	217me	6602
	8867	301	9168
	10783	367	11150
	14543	494 (*)	15037
Par l'arpentage on a résultat des titres..	6904	9459	10867	14752
	6602	9168	11150	15037
Différences	— 302	— 291	+283	+ 305

C'est-à-dire que les deux premières pièces doivent être diminuées, et les deux dernières augmentées.

Pour faire ces changemens, nous pourrions renvoyer à ce que nous avons dit au n° 39 et suivans, mais je crois qu'il ne sera pas inutile d'expliquer ici cette opération.

(*) La somme de l'augmentation n'est ici que de 13,79 ; la différence avec 13,84 vient, d'une part, de ce que 0,034 est trop faible et qu'on a négligé la fraction du mètre au produit.

Je vois d'abord que les deux premières figures devant être diminuées, la ligne E H qui les sépare ne doit pas changer.

La troisième pièce devant être augmentée, si les propriétaires n'imposent pas de conditions, on fera seulement varier le point G pour retrancher de la première pièce les 302 *mètres carrés* qu'elle a de trop.

Pour cela, comme G H est à très peu près perpendiculaire au bord de la rivière, on mesurera cette ligne, et si on la trouve par exemple de 73 ^{m}, on divisera 604 par 73, le quotient 8,3 sera le nombre de mètres qu'il faudra porter de G en r.

Pour la seconde figure, il n'y a que le point I à faire changer, et les 291 *centiares* que cette pièce a de trop doivent être portés à la parcelle C H. On trouve que le calcul donne 165 pour le triangle $e\,m$ I; c'est donc 126 centiares qu'il faut ôter. Le côté $e\,x'$ étant encore sensiblement perpendiculaire au rayon $e\,m$, on divisera 252 par 30, longueur de $e\,m$, et l'on portera le quotient 8^m, 4 de e en v, et la seconde figure E v, aura la contenance proportionnelle qu'elle doit avoir.

La 3e pièce doit être augmentée de 283 mètres carrés, et elle en a pris 302; c'est donc 19 centiares qu'il faut qu'elle rende à la figure C H, qui, alors, aura aussi sa contenance.

Si l'on veut ne faire varier que le point k, comme $o\,k$ est très oblique sur le ruisseau, on élèvera la perpendiculaire $o\,h'$ qui sera le diviseur de 38, double de 19. Si cette perpendiculaire

$= 36^{m}$, le quotient sera $1^{u},06$ que l'on portera vers B, et l'on fera planter une borne au point *t* sur le bord du ruisseau, où la mesure finira (*).

Réflexions sur l'application des titres, et les abornemens généraux.

On a vu ci-dessus qu'un abornement se fait d'après les titres, et que l'application de ceux-ci n'est qu'un calcul arithmétique quand toutes les pièces d'héritages sont connues. Mais il peut arriver qu'on présente le titre d'une propriété inconnue de position, située dans le canton dont on va faire le bornage : il faut alors en retrouver la place à l'aide des confrontations données par ce titre, ou par tous autres renseignemens qu'on pourra se procurer.

(*) Dans le mesurage qu'on vient de faire, si l'on s'était servi de la chaîne de 18 pieds 4 pouces, divisée toutefois en dixièmes, afin de simplifier les calculs, on aurait évité des réductions qui sont assez longues quand on n'a pas de tables suffisamment étendues ; d'ailleurs celles qui ont été faites dans chaque département, non seulement ne sont pas complètes, mais il n'est pas rare que des mesures usitées dans différentes localités ne s'y trouvent point.

Enfin, lorsque l'arpentage n'aura pour but que de faire connaître la surface d'un champ, pour savoir si elle est conforme à celle donnée par le titre, il sera plus expéditif d'en faire le mesurage avec la chaîne du pays ; mais quand il s'agit d'une vente, d'un partage, ou de tout autre acte public, on doit employer la chaîne métrique, sauf à faire la réduction convenable s'il faut établir la comparaison de la nouvelle mesure avec l'ancienne. On pourrait aussi mesurer avec la chaîne locale et ramener les contenances à la mesure métrique, mais le calcul ne serait pas plus court.

Pour procéder à cette reconnaissance avec chance de réussir, il faut que celui qu'on charge de ce travail supplée au *défaut de règles* par son intelligence, et par la grande habitude qu'il doit avoir de ces opérations. (Voir la fin de cet article).

D'un autre côté, soit que les parcelles dont on veut faire l'abornement soient connues de position, ou qu'elles ne le soient pas toutes, il est indispensable qu'on sache déchiffrer les anciennes écritures pour pouvoir lire les titres qu'on présentera.

Le caractère de ces écritures varie selon l'époque, et encore on sait que les tabellions (notaires de campagne) avaient des marques hiéroglyphiques, qui ne peuvent souvent être comprises sans en avoir la clef.

Les anciennes chartes, quand on en trouve, sont aussi bonnes à consulter pour prendre connaissance des usages locaux.

Il est donc important que le géodésiste qu'on chargera d'un travail aussi délicat que celui dont il est question, sache déchiffrer les titres qu'il doit appliquer.

Plusieurs provinces ont fait faire le terrier des propriétés de chaque commune de leur ressort, et ceux qui ont moins de deux siècles ont une écriture encore bien lisible pour nous; excepté pourtant dans quelques localités, où ces terriers sont écrits dans la langue parlée, qui est un peu différente de celle que l'on parle aujourd'hui dans le pays, mais que les personnes âgées comprennent assez bien: ainsi, dans ce cas, l'arpenteur géodésiste ne se trouvera pas embarrassé sous le rapport de la lecture des titres, si le terrier est pris pour base de son opération, et si surtout il n'est pas étranger à la localité.

. Mais ces terriers, qui ne comprennent d'ailleurs pas toutes les propriétés, sont rarement accompagnés d'un plan figuratif, et alors ils ne donnent guère plus d'indication que les titres mêmes, pour retrouver les parcelles dont on ne connaît pas la position.

Si, au contraire, il y avait un plan, la reconnaissance serait facile, en supposant même peu d'exactitude à ce plan, et si le parcellaire y était exactement représenté, ces propriétés se retrouveraient de suite, et sans difficulté. Par exemple, avec les plans du cadastre que l'on fait en France, on retrouvera en tout temps la place d'une pièce d'héritage dont les limites n'existeraient plus, et l'on pourrait même fixer, à très peu près (*), la position de ces limites à l'aide de l'échelle et du compas; en partant d'un point qui n'a pas varié; et si ces plans du cadastre, qu'on ne fait que pour la répartition de l'impôt, contenaient les élémens d'un véritable terrier, c'est-à-dire, si l'on y avait coté la largeur et autres dimensions de chaque pièce (ce qui était facile sans beaucoup augmenter la dépense), on serait toujours à même de rétablir exactement les limites comme elles étaient au moment qu'on a fait le plan, et c'est alors que le

---

(*) Je dis à très peu près, à cause des mesures graphiques qui ne sont jamais aussi exactes que celles de la chaîne.

propriétaire, qui, en définitive, paie les frais de cette opération, retirerait de ce travail un avantage bien plus précieux que celui de la répartition de l'impôt (*).

Ce que l'administration n'a pas fait, les communes peuvent le faire ; je veux dire que celles-ci devraient avoir un terrier, confectionné avec tous les soins dont l'art est capable, représentant toutes les parcelles avec les limites établies contradictoirement; et si, pour faciliter la culture, on faisait disparaître, lorsqu'on procède au bornage des propriétés, les limites irrégulières (102), en ayant égard, si cela était nécessaire, à la qualité du terrain, ce travail serait d'un grand prix pour le propriétaire, et le dédommagerait bien des frais que cette opération lui occasionnerait, puisque, d'une part, les propriétés étant bornées par procès-verbal accompagné d'un plan (108), il n'aurait plus à craindre les envahissemens et les procès que l'on voit tous les jours au sujet des anticipations de terrain ; et, d'un autre côté, il ne serait plus obligé d'appeler un arpenteur chaque fois que son voisin anticipe sur sa propriété.

(*) Cependant ces plans, tout incomplets qu'ils sont sous le rapport de la fixation des limites, servent souvent de bases aux tribunaux pour asseoir leurs jugemens, à défaut de titres, parce qu'ils constatent la jouissance au moment de leur confection. Ils servent aussi aux ponts-et-chaussées, pour les études du tracé des routes ; au dépôt de la guerre, pour la carte de France; aux forestiers, pour la distribution d'un aménagement, etc. Il est fâcheux que l'administration ne se décide point à faire opérer sur les plans parcellaires tous les mouvemens qui surviennent journellement au terrain.

Des communes ont déjà fait faire, à leurs frais, le bornage des propriétés qui en sont susceptibles. J'en connais 14 ou 15 aux alentours de Paris, et dans ce moment on fait encore celui des propriétés d'un territoire assez important.

La même opération a aussi été faite dans plusieurs communes de différens départemens, et tout porte à croire que le même travail aura lieu dans beaucoup de localités quand les géomètres du cadastre pourront s'y livrer, car plusieurs de ceux-ci sont déjà en pourparler pour cet objet, soit pour des communes entières, lorsque l'on peut avoir l'adhésion de tous les propriétaires, ou pour des cantons plus ou moins étendus dont les intéressés consentent au bornage.

On voit donc que le talent de celui qui s'occupera de ces travaux consistera encore à faire passer sa conviction dans l'esprit de tous ; et dans tous les cas il faut un acte bien circonstancié qui donne le moyen d'aplanir les difficultés qui pourraient s'élever, afin de ne point interrompre l'opération. On doit surtout stipuler, dans cet acte des conventions arrêtées entre les propriétaires et le géodésiste qui doit faire le travail, que les héritages perdus qu'on réclamera ne seront rétablis, d'après les confrontations qu'on croira reconnaître, qu'autant que celui qui jouit du terrain n'en représentera pas le titre indiquant les tenans et aboutissans d'une manière certaine (*), parce

____

(*) Je ne parle pas de la jouissance paisible de 30 ans, que l'on devrait, à mon avis, n'admettre que le moins possible.

que la propriété que le porteur du titre réclame,
peut avoir été échangée, partagée ou vendue par
les ancêtres de ce dernier, ou par celui aux droits
duquel il se trouve, sans en avoir fourni le titre
au nouveau possesseur.

Enfin, il faut éviter les voies judiciaires; c'est
par une commission prise parmi les propriétaires
que tous les obstacles que l'arpenteur géodésiste
rencontra doivent être jugés.

112. *Procès-verbal d'abornement, fait à l'amiable, du canton du Mas, représenté ici par la
figure* 127.

Le   mil huit cent,
Nous soussigné   arpenteur géodésiste,
demeurant à   département de
       , déclarons que les sieurs François
Amory, Nicolas Mouton, Joseph Caillet et Jean-
Louis Jolivet, tous cultivateurs et propriétaires,
demeurant commune de   , même
département, nous ont requis de faire l'arpentage
et le bornage de quatre pièces d'héritage à eux
appartenant, dans le canton dit du Mas, bornées
au nord par la rivière de Briance, à l'est par le
ruisseau de Lorette, à l'ouest par le chemin de
Laumonerie, et au midi par celui de Vaugelas à
Laudon et la prairie de Louis Lefort.

Les parties nous ont remis un acte sous seing-
privé en date du   portant qu'il serait procédé par nous dans le délai d'un mois (*),

---

(*) La mission de l'arpenteur ou des arbitres ne dure que
trois mois lorsque le compromis ne fixe pas de délai.

à l'arpentage et au bornage des propriétés ci-dessus désignées, et que chaque parcelle supporte-
rait la diminution de contenance, ou serait augmentée dans la proportion de celle du titre.

En conséquence nous nous sommes rendu sur
le lieu du Mas pour faire l'arpentage des propriétés qui nous ont été indiquées par les parties, et
nous avons trouvé que la terre du sieur Amory,
joignant la rivière et le chemin de Laumonerie,
contenait soixante-neuf ares quatre centiares ;
celle du sieur Mouton, joignant la même rivière
et le ruisseau de Lorette, un hectare huit ares
soixante-sept centiares ; celle du sieur Caillet, limitée par le chemin de Laumonerie et celui de
Vaugelas à Laudon, quatre-vingt-quatorze ares
cinquante-neuf centiares ; enfin, que la pièce de
terre du sieur Jolivet, limitée à l'est par le ruisseau de Lorette, au sud par le chemin de Vaugelas à Laudon, et par la prairie de Louis Lefort,
avait une surface de cent quarante-sept ares trente-
deux centiares.

Au même instant les parties nous ont remis les
titres de ces propriétés, et nous avons établi, après
avoir converti les contenances en nouvelles mesures, que la surface de la première pièce devait
être de soixante-trois ares quatre-vingt-cinq centiares ; la seconde, de quatre-vingt-huit ares
soixante-sept centiares ; la troisième, de cent-sept
ares quatre-vingt-trois mètres carrés ; et la quatrième, de cent-quarante-cinq ares quarante-trois
centiares ; et il résulte de la comparaison de ces
contenances avec celles du terrain que la super-

ficie donnée par les titres est trop faible de treize ares quatre-vingt-quatre centiares.

Toutefois, il a été convenu que la prairie du sieur Lefort ne subirait pas de changement dans sa contenance : ainsi, en établissant la proportion conformément à la convention écrite des parties ; les pièces de terre des sieurs Amory, Mouton, Caillet et Jolivet, contiendront respectivement soixante-six ares deux centiares ; quatre-vingt-onze ares soixante-huit centiares; un hectare onze ares et demi et un hectare cinquante ares trente-sept centiares.

Ce calcul étant fait nous avons donné à chaque pièce la contenance qu'elle doit avoir suivant la dernière indication, et des piquets ont d'abord été placés aux endroits où il était nécessaire de mettre des bornes; mais les propriétaires ayant désiré que leurs héritages fussent séparés par une ligne droite, nous avons rectifié les lignes coudées que formaient les limites entre François Amory et Joseph Caillet, et entre Nicolas Mouton et Louis Jolivet, de telle sorte que les contenances ne changent point.

La même opération a eu lieu pour la portion de limite avec Louis Lefort, qui était alors présent.

Tous les points étant arrêtés sur le terrain, nous avons fait placer, toujours en présence des parties intéressées, les bornes marquées au plan ci-joint par les lettres E, H, r, t, v, y, (*).

(*) Il est bon d'indiquer si ces bornes sont apparentes et quelles sont celles qui ne le sont pas. Il est également utile de désigner la forme des bornes et la grandeur de l'angle que les lignes, comme E H, H r, forment entre elles.

Le bornage étant ainsi fait, nous avons mesuré la distance d'une borne à l'autre et fixé leur position par des points de repéres, de manière à ce qu'on puisse en retrouver la place si elles disparaissaient.

La borne H, qui est à l'angle des quatre parcelles, n'est pas bien fixée par les repères; mais l'incertitude disparaît, parce que la direction de cette borne avec celle placée en E se projette sur l'angle sud-est de la maison rouge, et que la distance entre ces deux bornes est de cent mètres et demi; et d'un autre côté on a encore repéré la borne E à l'angle sud-est de la chapelle Saint-Louis; la distance entre ces deux objets est de quinze mètres.

La borne r, placée sur le bord de la rivière, à l'angle nord-est de la terre du sieur Amory, est à vingt mètres du milieu du ruisseau de la Fontaine-au-Clos, et sa distance à la borne H est de soixante-dix-neuf mètres.

La borne t, placée sur le ruisseau de Lorette, à l'angle nord-est de la terre de Jean-Louis Jolivet, est à douze mètres et demi au nord du centre de la roue du *moulin Jan*.

Les bornes x, y, posées aux angles de la prairie de Louis Lefort, sont, la première, à vingt-sept mètres de la Croix-Marin, et à quatre mètres à l'est de la borne v, qui se trouve sur la direction de celles x, y. Cette dernière borne est sur le bord du chemin à deux mètres de son angle nord, et à seize mètres du vieux chêne.

Enfin, les distances entre les bornes $v\,y$, $v\,$H

sont respectivement de cinquante-deux mètres, et cent neuf mètres.

La ligne H *t*, qui sépare les pièces des sieurs Mouton et Jolivet, est de cent seize mètres.

Les faits et les résultats de notre opération étant ainsi constatés dans le présent acte, nous en avons fait lecture aux parties, qui ont déclaré n'avoir aucune observation à faire, et leur intention étant parfaitement remplie, elles ont signé avec nous.

Enfin, une expédition de ce procès-verbal a été remise à chacune des parties intéressées.

Fait à   , le jour, mois et an ci-dessus.

(Signature de l'arpenteur et de toutes les parties) (*).

Reconnaissance d'un procès-verbal d'abornement.

113. Cette reconnaissance doit être faite en présence des propriétaires limitrophes. On vérifie la position et la figure des bornes qui y sont rappelées ; on examine si la distance de l'une à l'autre se rapporte à celle qui est indiquée ; si les angles de la figure n'ont pas varié, et si les riverains désignés sont conformes à ceux qui existent au moment de la reconnaissance, en ayant toutefois égard aux mutations qui peuvent avoir eu lieu dans les noms des propriétaires.

____

(*) Si le bornage était fait en vertu d'un jugement, on relaterait ce jugement et la prestation de serment en tête du procès-verbal (n° 110).

Enfin , il faut entrer dans tous les détails du procès-verbal , et s'assurer si tout s'accorde parfaitement.

Il peut arriver qu'en faisant cette reconnaissance une borne indiquée au procès-verbal ne se trouve pas ; dans ce cas voici ce qu'on peut faire pour reconnaître l'endroit où elle a été placée.

F. 129.   Soit le terrain A B C D E dont la borne A ne se trouve point, et dont on a les distances A B , A E dans le procès-verbal.

Si la direction de l'une de ces lignes est visible, on trouvera évidemment la place de la borne en donnant à cette direction la mesure cotée au procès-verbal.

Si la trace n'est pas visible, ce qui arrivera , par exemple , lorsqu'un fermier réunit plusieurs pièces appartenant à divers propriétaires , on ne pourra pas opérer de même , car il est probable qu'on s'écarterait de la limite ; mais si l'un des angles , comme E , était connu , on pourrait déterminer la direction A E au moyen de cet angle , en s'alignant sur la borne D , supposée visible de E.

Si l'angle B ou E n'est point donné , on tracera la diagonale B E, et on la chaînera ; alors on connaîtra les trois côtés du triangle A B E ; on cherchera , par exemple , l'angle B par le n° 32 (*) , et ensuite la règle du n° 25 fera connaître la perpendiculaire A x et le segment B x.

(*) On évitera ce calcul si l'on a un graphomètre, ou tout autre instrument analogue, pour mesurer cet angle.

On marquera le point x sur le terrain, et l'on élèvera au rayon B E une perpendiculaire vers A, qui passera nécessairement sur la borne A si les opérations ont été bien faites de part et d'autre.

Donc, si l'on porte la longueur A x sur cette perpendiculaire, on aura le point de la borne.

Si l'angle fait en A n'est pas désigné au procès-verbal, on prolongera la perpendiculaire A x de l'autre côté ; on fera A $x = x$ F, et l'on cherchera cette borne en A, et en F, si cela est nécessaire, car d'après les données du procès-verbal elle a été posée à l'un ou à l'autre de ces points.

Si on la trouve en F, après avoir reconnu l'exactitude des bornes C et D, on pourra conclure que le propriétaire de cette figure s'est laissé prendre, depuis l'abornement de sa pièce, le terrain indiqué par le triangle C D F.

Si le procès-verbal est accompagné d'un plan, et si ce plan contient toutes les mesures données par la chaîne et l'équerre, il sera facile de reconnaître les anticipations qu'on aura pu faire, si l'on peut rétablir la base A B, en répétant la même opération : mais si les bornes qui sont aux extrémités de cette base sur le plan ne se trouvent plus sur le terrain, et si l'angle de leur emplacement a varié, on sera obligé de calculer tous les côtés et les angles, au moyen des données de la figure (voir cependant la remarque ci-après).

Avec les cotes écrites au plan, on trouvera A C $= 66,1$ et C D $= 42,3$.

Pour connaître l'angle C, on calculera ceux

A C *b*, D C *r* (25), et l'on ajoutera leur somme à 90° ; le total sera l'angle demandé.

L'angle D se trouvera en prenant la somme des angles C D *r*, E D *s*, qu'on peut calculer, etc.

Lorsqu'on connaîtra ainsi les côtés et les angles de cette figure, si l'on a la certitude que deux angles, comme D, E, n'ont pas varié, on pourra rétablir les bornes déplacées.

Pour cela, on déterminera l'alignement C D au moyen de l'angle calculé C D E, qu'on prendra sur l'instrument ; étant en D on s'aligne sur E, et l'on fait placer un jalon dans la direction de l'autre rayon ; on porte 42,3 sur cette direction, et si la borne C ne se trouve point où la mesure finira, on l'y fera remettre.

L'emplacement de cette borne C une fois reconnu, on se place à cet endroit pour déterminer celui de la borne A, au moyen de l'angle calculé A C D, et ainsi de suite.

Si les deux points restés fixes étaient D et F, on imaginerait une ligne D F, et l'on chercherait l'angle que cette ligne doit former, par exemple, avec C D, afin de rétablir la position de ce côté comme ci-dessus.

Pour avoir cet angle C D F, on résoudra d'abord le triangle A C D pour connaître l'angle A D C (32), et ensuite on calculera l'angle A D F par le même principe, avec les côtés A D, A F, et l'angle compris entre ces côtés ; la somme de ces deux derniers angles calculés sera évidemment égale à celui C D F.

Remarque. — S'il y avait beaucoup d'angles et

de côtés à calculer, il pourrait être plus expéditif de rétablir l'alignement A B, si cela était possible.

Par exemple, après avoir trouvé l'angle A F D,
comme ci-dessus, on pourra résoudre le triangle
A F n, et mettre un jalon en n; ce point de la direction D F doit appartenir à la ligne A B.

On pourrait continuer l'alignement sur les jalons A, n, et fixer la borne B par la distance A B;
mais pour plus de certitude, on examinera s'il ne
serait pas possible d'avoir un autre point de cet
alignement : si ces trois points étaient dans la
même ligne droite (et cela sera si tout est bien de
part et d'autre), c'est alors qu'on serait assuré
d'avoir rétabli cet alignement (*).

La borne A étant reconnue, et celle F n'ayant
pas été changée, on pourra faire un angle A F p
égal à 90°, plus l'angle a F A donné par le calcul
(25); on fait F p de la même longueur que a B;
du point p on mène au rayon F p, vers B, une
perpendiculaire qu'on fait égale à celle a F, et la
place de la borne B doit être où la mesure finit, si
l'on a bien opéré dans cette recherche (voir la note
ci-dessous).

Cet alignement étant retrouvé sur le terrain,

(*) Toutefois il est rare en pratique que les trois points
dont on vient de parler soient exactement dans la même direction; mais la différence doit être insensible, et l'on s'éloignera très peu de la place de la borne, si surtout la distance
n B n'a pas une trop grande longueur. Au surplus, on connaîtra la déviation de cette direction par la distance E B qu'on
pourra probablement calculer avec les données du plan.

la reconnaissance des-autres angles de la figure ne présente plus de difficulté, ainsi qu'on l'a dit ci-dessus.

Enfin, si pour reconnaître la position des bornes on n'avait d'autre renseignement qu'un plan sans dimension, mais dont on connaîtrait l'échelle, on pourrait encore trouver, à peu près, la position de bornes déplacées.

129. Par exemple, pour retrouver la borne A, on trace E B sur le plan, et l'on s'assure s'il est exact en portant cette distance E B sur l'échelle et en la comparant avec celle qu'on mesure sur le terrain.

Ce plan étant reconnu bon (s'il ne l'est pas la reconnaissance est impossible), on y trace E B au crayon; on élève à ce rayon la perpendiculaire x A, et l'on porte cette distance sur l'échelle, ainsi que celle de B x, pour en connaître la longueur. On répète la même opération sur le terrain, et si les mesures graphiques avaient le même degré de précision que celles qu'on prend effectivement avec la chaîne, on pourrait conclure que la borne a été placée, lors de l'abornement, à l'endroit où la mesure de la perpendiculaire A x finira. Mais, à moins de hasard, il n'en sera probablement point ainsi. On ne doit donc pas compter que la borne sera remise à sa véritable place; seulement, comme je l'ai dit ci-dessus, elle n'en sera pas éloignée si le plan est exact.

114. Nous avons dit au n° 4 que nous indiquerions la règle générale pour extraire la racine carrée d'un nombre quelconque.

Voici comment on fait cette opération :

Il est d'abord nécessaire qu'on connaisse de mémoire les carrés des neuf premiers chiffres ; ces carrés sont respectivement 1, 4, 9, 16, 25, 36, 49, 64, 81.

Règle générale. — Imaginez les chiffres du nombre donné séparés de deux en deux, en commençant par la droite, sans y comprendre les décimales s'il y en a ; on prend la racine du plus grand carré contenu dans la dernière séparation, ou tranche, de la gauche, et l'on a le premier chiffre de la racine ; on fait le carré de ce chiffre, et on le soustrait de cette même tranche.

A côté du reste on abaisse les deux chiffres suivans, et l'on sépare par un point le dernier de ces chiffres ; on divise ce qui se trouve sur la gauche par le double du chiffre qu'on a mis à la racine, le quotient est le second chiffre de cette racine, et on le met à la suite du diviseur ; puis on multiplie le nombre qui en résulte par ce même dernier chiffre du quotient, et l'on retranche le produit du reste de l'opération précédente, augmenté de la tranche descendue (*). A côté du

---

(*) Si le produit est trop grand on diminue le chiffre du quotient, pour que la soustraction puisse se faire. Au surplus, pour savoir si un chiffre peut être mis à la racine, il suffit d'examiner le reste ; il doit toujours être moindre que le double plus un de la racine qu'on essaie : par exemple, si en extrayant la racine de 628 on avait d'abord mis 24, on aurait eu pour reste 52, plus grand que 48 plus 1, et cela eût indiqué qu'il fallait mettre 5 au lieu de 4 au second chiffre de la racine.

reste qu'on aura , on abaissera une nouvelle tranche , en observant toujours de séparer le dernier chiffre par un point.

On divisera les chiffres qui se trouvent sur la gauche par le double de ceux déjà mis à la racine , le quotient sera le troisième chiffre de cette racine si l'on peut retrancher du nombre complété par la tranche descendue le produit du diviseur par ce même quotient , augmenté de ce troisième chiffre de la racine , et l'on continuera de même jusqu'à ce que la dernière séparation soit descendue (*).

Cette opération étant faite , s'il se trouve un reste (**), on mettra deux zéros à la droite (s'il y avait des décimales elles en tiendraient lieu), et en continuant comme il est indiqué ci-dessus , on aura des dixièmes à la racine.

Si au nouveau reste on ajoute encore deux zéros , ou deux chiffres décimaux , s'il y en a de cet ordre , on obtiendra des centièmes ; et en général pour avoir un chiffre à la racine on en mettra deux au carré.

C'est ainsi qu'en suivant la règle on trouvera que la racine carrée du nombre 276171, 2704 est de 525,52 :

(*) Cette règle est fondée sur ce que le carré de la somme de deux nombres égale celle des carrés de chacun de ces nombres, plus leur double produit.

(**) Ce qui aura toujours lieu si le nombre dont il faut prendre la racine est terminé par 2, 3, 7 et 8, ou par 5 si le chiffre de ces dixaines est autre que 2, et encore quand il y a à la fin un nombre impair de zéros.

Voici le type du calcul

```
27, 61, 71 ; 2704 | 525, 52    (*)
    2 6.1          | 102
      5 77.1       | 1045
        5462.7     | 10505
        210204     | 105102
        . . . . . . . . |
```

En opérant de la même manière, on obtiendra 1,414 pour la racine de 2, et 1,732 pour celle du nombre 3.

Pour prendre la racine d'une fraction décimale, on fait les tranches de deux chiffres en partant de la gauche, en ajoutant des zéros si cela est nécessaire : ainsi, pour avoir la racine de 0,5 avec deux décimales, on prendra celle de 0,5000 = 0,71. Pour 0,052 avec trois décimales, on posera 0,052000, et l'on aura 0,228 pour la racine.

Enfin, s'il faut prendre la racine d'une fraction ordinaire, le plus simple sera de la convertir en décimales (3), et d'en extraire la racine comme ci-dessus, en ayant soin, en convertissant en décimales, d'avoir deux fois autant de chiffres décimaux que l'on veut en avoir à la racine.

(*) En opérant par les logarithmes, on a log. du carré
= 5.44118
la moitié = 2.72059
répondant dans la table à 525,52 comme ci-dessus.

8.

DÉMONSTRATION

de différentes règles contenues dans ce traité (*).

N° 18 (**).   **115.** (Pour le texte). La surface du triangle
F. 152. A B C égale la base multipliée par la moitié de la hauteur A h; mais cette hauteur perpendiculaire égale A C $\times$ sin C (25) : mettant cette expression à la place de A h, on a

Surf. A B C $=$ B C $\times$ A C $\times$ sin C, divisé par 2.
On aurait de même,

Surf. C D E $=$ C D $\times$ C E $\times$ sin C, divisé par 2.
De ces équations on tire directement, en supprimant sin C divisé par 2,

Surf. A B C : surf. C D E :: B C . A C : D C . CE.

Fig. 97.   (Pour la remarque). Prenons le triangle A B C, et pour simplifier faisons A B $= c$, A C $= b$, B C $= a$, A $m = d$ et C $m = e$.

On a d'abord $b^2 = e^2 + d^2$; mais $e^2 = \dfrac{(b^2 + a^2 - c^2)^2}{4 a^2};$

d'où $d =$ la racine de $4 a^2 . b^2 - (a^2 + b^2 - c^2)^2$, divisée par $2 a$; par conséquent la surface du triangle vaut le quart de cette racine, dont le carré peut être représenté par

$(2 a b + a^2 + b^2 - c^2) \times (2 a b + c^2 - a^2 - b^2$,
ou par

$(a + b + c) . (a + b - c) . (b + c - a) . (a + c - b).$

La surface est donc aussi égale au quart de la

(*) $(a + b) \frac{1}{2}$ indiquera la racine de $(a + b)$.

(**) Ce numéro et les suivans correspondent à ceux du texte.

racine de cette dernière expression ; et si l'on fait attention qu'en faisant la somme des trois côtés du triangle $= 2s$, on aura

$$a + b - c = 2s - 2c$$
$$b + c - a = 2s - 2a$$
$$a + c - b = 2s - 2b,$$

et l'aire du triangle sera égale au quart de la racine de

$2s . 2(s - c) . 2(s - a) . 2(s - b)$, ou, en prenant cette racine, et divisant par 2, on a définitivement la surface réduite à sa plus simple expression, égale à la racine de $s.(s - c).(s - a).(s - b)$; c'est la règle indiquée au n° 18.

N° 34.
F. 133.
116. Les triangles Def, DCe étant égaux, parce qu'ils ont la même base et qu'ils sont compris entre parallèles, il en résulte qu'on a $DCn = enf$, et cela étant la démonstration est faite, car on voit que si le triangle enf ne fait pas partie du calcul, son égal DCn s'y trouve deux fois.

On peut aussi faire cette démonstration sans la considération des parties compensées, mais celle qu'on vient de voir ne peut laisser aucun doute.

N° 36.
F. 134.
117. (A la note). En imaginant la diagonale BD on a (25) $eD = nD \times \sin n$, et $fB = nB \times \sin n$; donc $eD + fB = BD \sin n$; ce qui donne la surface du quadrilatère $ABCD = \dfrac{AC \times BDC}{2} \times \sin n$.

N° 40.
Fig. 30.
118. Si l'on fait $Ah = x$, $Eh = y$, $Af = a$, $Df = b$, $AH = c$, $CH = d$, on aura d'abord

$$c : x :: d : y, \text{ d'où } y = \frac{d . x .}{c} \ldots \ldots (A).$$

D'un autre côté, la surface du trapèze E $h\,f$ D $= (b + y) . \dfrac{(a - x)}{2}$, et celle du triangle A E $h = \dfrac{x \cdot y}{2}$; de plus la surface A E D$f = s$; on a donc

$$s = (b + y) . \frac{(a - x)}{2} + \frac{x \cdot y}{2} = (b + y)\frac{a}{2} - \frac{b \cdot x}{2}$$

substituant l'expression de y donnée par l'équation (A), on obtient

$$s = \left(\frac{d \cdot x}{2} + \frac{b}{2} \right) a - \frac{b \cdot x}{2}, \text{ et enfin}$$

$$x = \frac{(2\,s - a\,b)\,c}{a\,d - b\,c}; \text{ c'est l'analogie (R) qu'il}$$

fallait démontrer.

N° 43.
F. 135.

119. Les triangles semblables B D E, B m A, donnent D E $= \dfrac{\text{A } m . \text{ B D}}{\text{B } m}$, et par hypothèse, en représentant la surface du triangle A B C par S, et celle B D E par s, on a, $s : \text{S} - s :: p : q$, d'où l'on tire $s = \dfrac{p \cdot \text{S}}{p + q} = \text{B D} . \dfrac{\text{D E}}{2}$. En mettant pour D E sa valeur trouvée ci-dessus, et B C. $\dfrac{\text{A } m}{2}$ à la place de S, il vient, toute réduction faite,

$$\text{B D} = \left(\frac{p . \text{ B C} . \text{ B } m}{p + q} \right)^{\frac{1}{2}}$$

N° 43.
Fig. 8.

120. D'après la règle du n° 20, si l'on représente la surface du triangle A B C par l'unité, on aura la proportion

$$1 : \frac{1}{n} :: \text{le carré de A B : au carré de B D; d'où}$$

$$\text{B D} = \left(\frac{\text{A B}^2}{n}\right)^{\frac{1}{2}} = \text{A B}' \times \left(\frac{1}{n}\right)^{\frac{1}{2}}.$$

N° 45.　**121.** Supposons la question résolue, et qu'on connaît le triangle A $l\,m$. Si on imagine une per-
F. 54. pendiculaire h' tombant du point l sur A C, on aura d'abord

$l\,m : \text{D}\,m :: h : h'$; les triangles A $l\,m$, G D m, donnent aussi

G m : A m :: D m : $l\,m$

　on a donc (5),

G m : A m :: $h : h'$, ou

A $m - p$: A m :: $h : h'$, d'où

$h' = \dfrac{\text{A}\,m \times h}{\text{A}\,m - p}$. Si on multiplie cette quantité

par la moitié de A m, on aura $\dfrac{\text{A}\,m^2 \times h}{2\,\text{A}\,m - 2\,p} = s$

　　　ou

$h \times \text{A}\,m^2 = 2\,s . \text{A}\,m - 2\,s . p.$; équation du second degré qui devient

$$\text{A}\,m = \frac{s}{h} \pm \left(\frac{s}{h} - 2\,p . \frac{s}{h}\right)^{\frac{1}{2}}; \text{ c'est la première}$$

équation en mettant a à la place de $\dfrac{s}{h}$.

En appliquant mot à mot au point D, hors de la figure, on arrive à la même équation, excepté que $2\,p$ prend le signe $+$.

N° 47.
F. 136.

122. Si l'on fait C D $= a$, A B $= b$, $l\,m = x$, $o\,C = y$; $o\,O = y'$, la surface A $m = s$, et celle l C $= s'$, on aura $s = y\left(\dfrac{a+x}{2}\right)$, et $s' = \left(\dfrac{x+b}{2}\right)y' \ldots (1)$.

Si du point C on imagine une parallèle C z au côté A D, les triangles semblables donneront

$$y = \frac{(x-a).(y+y')}{b-a}, \text{ et } y' = \frac{(b-x).(y+y')}{b-a}.$$

Mettant ces expressions dans les équations (1) on a $s = \dfrac{(x^2-a^2).(y+y')}{2.(b-a)}$,

$$\text{et } s' = \frac{(b^2-x^2).(y+y')}{2.(b-a)}$$

Mais ces deux surfaces doivent être entre elles $:: m : n$, et en remarquant que le facteur $\dfrac{y+y'}{2(b-a)}$ leur est commun, et qu'on peut par conséquent le supprimer de part et d'autre, on aura

$x^2 - a^2 : b^2 - x^2 :: m : n$; d'où $(m+n)\,x^2 = a^2.\,n + m.\,b^2$, et $x^2 = \dfrac{m.\,b^2 + a^2.n}{m+n}$; c'est l'équation (D).

Fig. 41. Pour la formule (C), en faisant O C $= h$, et y la hauteur du trapèze l C, à déterminer, on a $y = \dfrac{2\,s}{\text{D.C} + x}$, et en conservant a pour la différence des bases x et A B, on a la proportion

$a : h :: x -$ C D $: y$, d'où $x = \dfrac{a.\,y}{h} +$ C D, et en mettant la valeur de y,

$$x = \frac{2\,a.\,s}{h.\,(x + \mathrm{C\,D})}.$$ Enfin, en faisant disparaî-

tre le dénominateur, et réduisant, on obtient

$$x^2 = \frac{2\,a.\,s}{h} + \mathrm{C\,D}^2.$$ C'est l'équation (C).

J'ai démontré ces formules un peu différemment dans mon traité sur l'arpentage, et ces démonstrations peuvent se simplifier en employant les progressions par *différence*.

N° 53.

Fig. 47.

123. Les parallèles $m\,h$, $\mathrm{B}f$, donnent $\mathrm{C}\,h = \dfrac{a.\,m\,h}{v\,z}$, et si de la surface s on ôte celle du triangle $\mathrm{C\,D}\,z$, il restera le quadrilatère $\mathrm{C}\,m\,p\,z$ à déterminer.

En faisant cette dernière surface $= s'$, la règle du n° 34 donne

$$2\,s' = \mathrm{C}\,z.\,m\,h + \left(\mathrm{C}\,z - \frac{a.\,m\,h}{v\,z}\right) p\,z;$$ d'où l'on

tire $v\,z.\,2\,s' - \mathrm{C}\,z.\,v\,z.\,p\,z = (\mathrm{C}\,z.\,v\,z - a.\,p\,z)\,m\,h.$

et $\dfrac{m\,h}{v\,z}$, ou $x = \dfrac{2\,s' - \mathrm{C}\,z.\,p\,z}{\mathrm{C}\,z.\,v\,z - a.\,p\,z}.$

N° 58.

Fig. 55.

124. Les triangles semblables donnent $\mathrm{O}\,g = m\,.\,\mathrm{O\,B}$; $h\,k = p\,.\,\mathrm{O\,B}$; on a donc $\mathrm{O}\,g + h\,k = \mathrm{O\,B}\,(m + p)$. Par conséquent l'expression du trapèze $\mathrm{B\,C}\,h\,g$ sera $[2\,\mathrm{B\,C} + \mathrm{O\,B}\,(m + p)]\,\mathrm{O\,B} = 2\,s.$ De cette équation on fait, en divisant et réduisant,

$$\mathrm{O\,B}^2 - \frac{2\,\mathrm{B\,C}.\,\mathrm{O\,B}}{(m + p)} = \frac{2\,s}{(m + p)}.$$ Donc

$$OB = \left[\left(\frac{BC}{m+p}\right)^2 + \frac{2s}{m+p}\right]^{\frac{1}{2}} + \frac{BC}{m+p}.$$ C'est l'é-
quation du résultat final.

N° 59. **125.** En imaginant les côtés A B, C D prolongés
Fig. 57 jusqu'à leur rencontre, et la perpendiculaire
abaissée de ce point de rencontre sur le côté A D,
si le pied de cette perpendiculaire (représentée par
x) est g, les triangles semblables donneront,

$$A\,g = \frac{A\,v.\,x}{B\,v}; g\,D = \frac{D\,z.\,x}{C\,z},$$ et à cause que g D

$= A\ D - A\,g; D\,z.\,x = (A\,D - A\,g)\,C\,z$, ce qui
donne

$$A\,g = \frac{C\,z.\,A\,D - D\,z.\,x}{C\,z} = A\,v.\,x$$

En faisant disparaître le dénominateur, on a
B v. C z. A D $-$ B v. x. D $z =$ C z. x. A x, et

$$x = \frac{B\,v.\,C\,z.\,A\,D}{C\,z.\,A\,v + B\,v.\,D\,z}.$$

N° 61. **126.** On a par hypothèse
Fig. 60 $a : b :: l\,g : h\,m$, d'où, par exemple,

$$h\,m = \frac{b}{a} \times g\,l.$$

On a aussi $2\,s = b.\,A\,C + A\,n.\,g\,l - C\,n.\,h\,m$.
Mettant pour $h\,m$, son expression ci-dessus, on
obtient $\frac{g\,l}{a} - A\,n - \frac{b}{a}.\,n\,C = 2\,s - b.\,A\,C$; d'où

$$g\,l, \text{ ou } x, = \frac{2\,s - b.\,A\,C}{a.\,A\,n - b.\,C\,n}.$$

N° 62.
Fig. 61.

127. En représentant $l\,g$ par x, et $m\,h$ par y, si l'on fait $A\,E = c$, $B\,F = d$, et $A\,B = h$, on aura par hypothèse,

$$a : b :: y : x ;\ \text{d'où}\ x = \frac{a \cdot y}{b}\ .\ \text{On a de même}$$

$$B\,h = \frac{d \cdot y}{b}\ ,\ \text{et}\ A\,g = \frac{c \cdot x}{a}\ .$$

Cela posé, le n° 34 donne

$$2\,s = \left(h - \frac{c \cdot x}{a}\right) y + \left(h - \frac{d \cdot y}{b}\right) x .$$

Si l'on veut éliminer x, on introduira sa valeur $\frac{a \cdot y}{b}$, et l'on aura

$$2\,s = \left(h - \frac{c \cdot y}{b}\right) y + \left(h - \frac{d \cdot y}{b}\right) \frac{a \cdot y}{b} =$$

$$h \cdot y - \frac{c \cdot y^2}{b} + \frac{a \cdot h \cdot y}{b} - \frac{a \cdot d \cdot y^2}{b^2} =$$

$$\left(h + \frac{a \cdot h}{b}\right) y - \frac{c}{b} + \frac{a \cdot d}{b^2}\right) y^2 ,\ \text{et}$$

$$2\,s \cdot b^2 = (a + b)\,h \cdot b \cdot y - (b \cdot c + a \cdot d)\,y^2 ;$$

$$\text{d'où}\ y^2 = \left(\frac{(a + b)\,h \cdot y}{a \cdot d + b \cdot c} - \frac{2\,b \cdot s}{a \cdot d + b \cdot c}\right) \times b .$$

Maintenant, si l'on fait $(a \times b)\,h = 2\,m$, et $a \cdot d + b \cdot c = p$, cette équation du second degré sera

$$\frac{y}{b}\ ,\ \text{ou}\ z = \frac{m}{p} - \left(\frac{m^2}{p^2} - \frac{2\,s}{p}\right)^{\frac{1}{2}}.$$

Toutefois, p n'a pas la même expression que

dans l'analogie du n° 62, car ici $p = a.d + b.c$;
il faut donc que le double de la surface à partager, moins $2m$, soit égale à celle ci-dessus ;
et en effet on a vu, note du n° 63, que le résultat est le même : néanmoins il vaut mieux déterminer p comme au n° 62, à cause des signes de
c et d, auxquels il faut avoir égard, selon que
les perpendiculaires tombent au dedans ou au
dehors du quadrilatère (note 1re du même n° 62).

N° 79.
Fig. 79.

128. Pour la division par 2 on a

$$b.v' + s.v = \frac{b.v' + a.v}{2} ; \text{ d'où } s = \frac{a.v - b.v'}{2v}.$$

Pour le partage en trois produits égaux, s étant
pris du côté du terrain à 3, on a aussi

$$c.v'' + s.v' = \frac{c.v'' + b.v' + a.v}{3} ; \text{ d'où l'on}$$

tire

$$s = \frac{a.v + b.v' - 2c.v''}{3v'},$$

et pour le cas où l'on doit prendre une quantité
s' dans le terrain à 5, p étant la valeur d'une
portion du partage, on a évidemment

$$s'.v + b.v' - s.v' = p; \text{ ou } s' = \frac{p - (b - s)v'}{v}$$

N° 81.
F. 137.

129. En faisant x parallèle au rayon A C, on a
$x : a :: B\,n : A\,n.$ On a aussi
$x : B\,d :: b : C\,d,$ d'où

$$x = \frac{b.B\,d}{C\,d}.$$

Mettant cette valeur x dans la première proportion, il vient

b. A n. B $d =$ a. B n. C d, et l'on tire, à cause de C $d =$ 2 B d,

$$\text{B } n = \frac{b.\text{ A }n}{2\ a} \ \ldots\ (1)$$

D'après la règle, pour la division en un nombre *impair* de parties égales, on a $b = 1$ et $a =$ $\dfrac{(m+1)}{2} - 1 = \dfrac{m-1}{2}$.

La division en un nombre *pair* donne $b = 2$, et $a = (m+1) - 2 = m - 1$. Mettant ces valeurs dans l'équation (1), on a, dans l'un comme dans l'autre cas, $\text{B } n = \dfrac{\text{A }n}{m-1} \ \ldots\ (2)$.

Si l'on fait $m = 3$, 5 ou 7, cette dernière égalité donnera B $n =$ A n divisé par 2, par 4 ou par 6 (*).

Si la division doit être faite par 2, 4 ou par 6, le dénominateur de la même équation (2) devient successivement A n, $\dfrac{\text{A }n}{3}$ et $\dfrac{\text{A }n}{5}$.

N° 83.
Fig. 87.

130. Les triangles C D E, B C D sont égaux, comme ayant la même base C D et la même hauteur comprise entre les parallèles C D, B E, qu'il faut supposer tracées dans la figure, et si à chacun

---

(*) Ces équations sont respectivement le $\frac{1}{3}$, le $\frac{1}{5}$ et le $\frac{1}{7}$ de AB. De même, $\dfrac{\text{A }n}{3} = \frac{1}{4}$ A B, et $\dfrac{\text{A }n}{5} = \frac{1}{6}$ A B.

de ces triangles on ajoute la partie A C D qui leur est commune, on aura A D E $=$ A B C.

Il est évident que cette construction donne

$$A\,E = \frac{A\,B \times A\,C}{A\,D}.$$

On pourrait donc, si le terrain était libre, faire cette transformation sur les lieux mêmes, en mesurant A B, A C, A D.

N° 103.
F. 138.

131. L'angle p est double de celui x, et le rayon A C, ou R, $=$ A n divisé par sin p.

Pour avoir la circonférence de ce cercle on pose

$$7 : 22 :: 2\,R : \frac{44\,R}{7}\,;$$ puis on obtient la longueur de l'arc A $a\,b$ en faisant

$$360 : \frac{44\,R}{7} :: \text{l'angle A } C\,b \text{ (quadruple de } x):$$

l'arc A $a\,b$; cet arc est donc égal à 11 R × par l'angle A $c\,b$ divisé par 630. Mais le log. du nombre constant $\frac{11}{630} = 8.24206$; donc, etc.